100% WISSEN

NATUR UND TECHNIK

Verblüffende Fakten

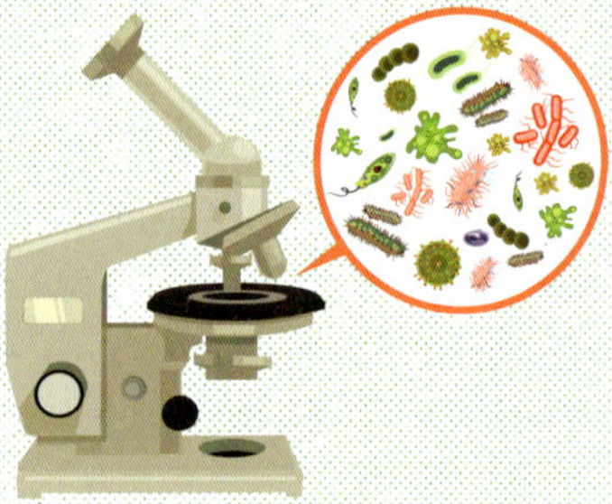

Originaltitel: Micro Facts: 500 Fantastic Facts About Science

Autor: Dan Green

Gestaltung: Amy McSimpson @ Hollow Pond

Redaktion: Clare Hibbert @ Hollow Pond, Paul Virr, Joe Harris

Illustration: Jake McDonald

Wissenschaftliche Beratung: Thomas Canavan

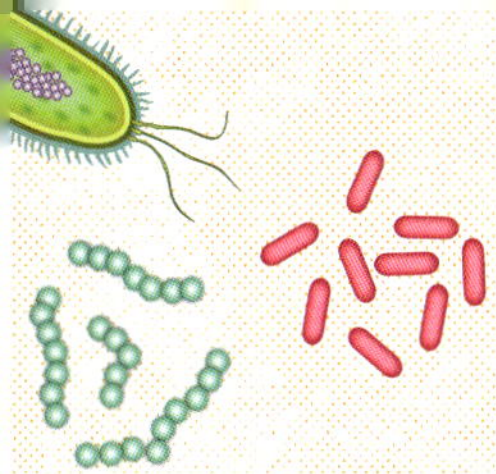

Inhalt

Alles LEBEN auf der Erde hat die gleiche Grund-Programmierung

Die Programmier-Sprache heißt DNA!

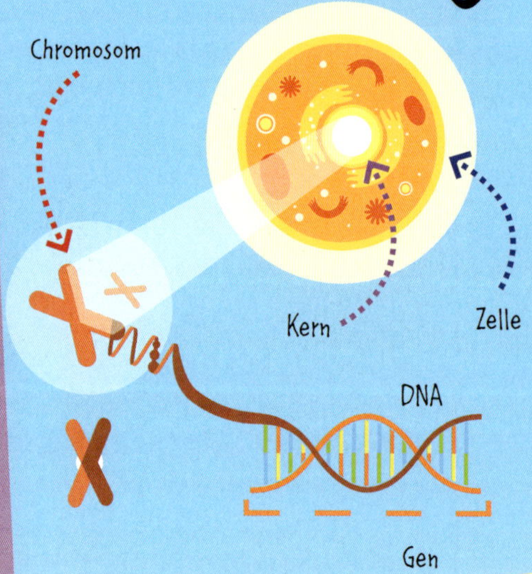

DNA

DNA ist ein Molekül, das wie eine lange, verdrehte Leiter aussieht. Es befindet sich im Kern jeder Zelle deines Körpers. Wie ein Computer-Code enthält es Informationen, sogenannte Gene. Dieser chemische Code hält dich am Leben und lässt dich wachsen. Lange Ketten von Genen heißen Chromosomen.

NACHAHMER

Auch wenn es nicht so aussieht, sind sich doch alle Lebewesen auf der Erde erstaunlich ähnlich, was ihren Bauplan angeht. Sie alle haben DNA in ihren Zellen und viele Haupt-Gene sind gleich.

Alles **LEBEN** auf der Erde hängt von einer chemischen Reaktion ab

Grünpflanzen halten sich – und alles andere – am Leben, indem sie das Sonnenlicht einfangen.

Lebensspender

Die Sonne ist der Ursprung all der Energie, die das Leben auf der Erde erhält. Pflanzen nehmen die Energie der Sonne durch eine chemische Reaktion, die Fotosynthese, auf. Das machen auch andere Lebewesen wie z.B. Plankton.

FRESSKETTE

Pflanzen verwandeln Sonnenlicht in zuckerhaltige Nahrung und bauen ihre Zellen damit auf. Andere Lebewesen essen Pflanzen, um Energie zu gewinnen, und Fleischesser futtern dann die „Vegetarier"!

Lebewesen, die Sonnenlicht umwandeln, heißen Erzeuger. Sie stellen ihre eigene Nahrung her.

Von den am häufigsten vorkommenden LEBEWESEN wissen wir kaum etwas

Die Erde gehört winzig kleinen, nicht sichtbaren Bakterien.

Ein Tropfen Meereswasser kann eine Million Bakterien enthalten.

Zell-sationell!

Bakterien, die nur aus einer einzigen Zelle bestehen, sind die einfachsten Lebewesen auf der Erde. Sie verursachen Krankheiten, verderben Essen und ruinieren deine Zähne. Aber sie erzeugen auch Sauerstoff, helfen uns bei der Verdauung, lassen Pflanzen wachsen und bauen Müll ab.

KLEIN, ABER VIIIIIIIIIIIIIIIELE!

Es gibt 100 Millionen Mal mehr Bakterien im Meer als Sterne im Universum. Dennoch wissen wir über die meisten recht wenig.

Manche Lebewesen können in BATTERIESÄURE überleben

Säureliebende Bakterien leben in heißen Quellen, verseuchten Minen – und deinem Magen!

heiße Quelle

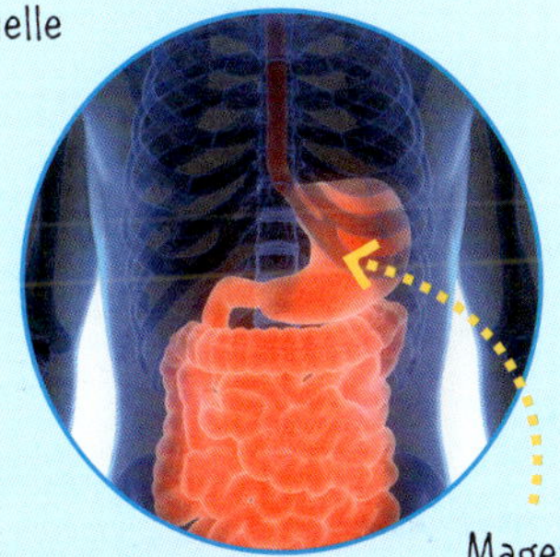

Magen

Umwelt-verschmutzung durch eine Mine.

Heißes Bad

Picrophilus hält von allen Lebewesen auf der Welt Säure am besten aus. Er kann auch noch in 60 Grad heißem Wasser überleben.

EXTREMBEDINGUNGEN

Manche Bakterien gedeihen selbst bei Extrembedingungen. Sie können tödliche Hitze oder Kälte überleben, Salz aufnehmen, gefährliche Strahlung aushalten und in Säure baden. Wissenschaftler halten es für möglich, dass sie vielleicht eine der ersten Lebensformen auf der Erde waren.

Leben begann in TIEFSEE-SCHLOTEN

Wissenschaftler entdeckten 1977 Leben auf dem Meeresboden, weit weg von der Sonne.

Bakterien gibt es seit mindestens 3,5 Milliarden Jahren.

Tief im Meer

Eine der größten Fragen ist, wie das Leben auf unserem Planeten begann. Als Wissenschaftler Organismen (Lebewesen) in der Nähe von Tiefsee-Schloten entdeckten, fragten sich einige von ihnen, ob das Leben hier begonnen haben könnte. Es wird vermutet, dass Bakterien von der chemischen Suppe rund um die Schlote leben und dass größere Organismen, wie z.B. Bartwürmer, sich von ihnen ernähren.

AM ANFANG

Alle Stoffe, die für die Entstehung von Leben nötig sind, wurden bei Tiefsee-Schloten gefunden. Frühe Organismen wären auch vor den schädlichen Sonnenstrahlen geschützt gewesen.

JEDES JAHR werden tausende neuer Arten entdeckt

Etwa die Hälfte davon sind Insekten!

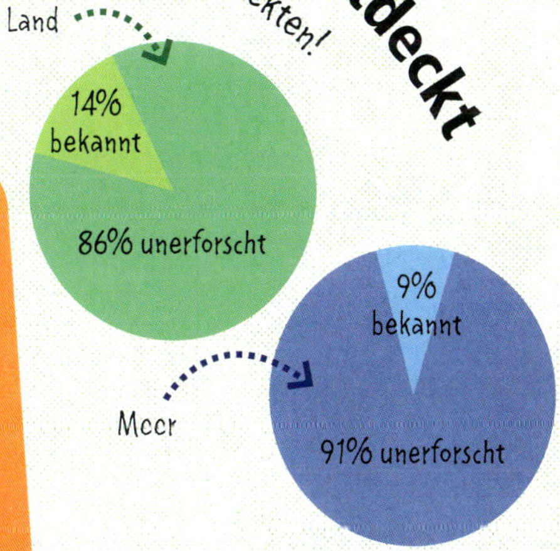

Auf Arten-Suche

Wissenschaftler denken, dass auf der Erde Platz für 8,74 Millionen unterschiedliche Arten ist, 7,5 Millionen davon sind noch nicht entdeckt! Jedes Jahr stößt man auf mehr als 15.000 neue Arten.

ALT UND NEU

Nicht alle neuen Arten werden in der Wildnis gefunden, sondern auch in Sammlungen von Museen. 2016 wurde eine neue fleischfressende Pflanze auf einem Foto bei Facebook entdeckt.

Es gibt 1,5 MILLIARDEN Mal mehr Insekten als Menschen

Ameisen, Bienen und Käfer – wir benennen sie, aber die kleinen Krabbler beherrschen die Welt!

Insekten-Herrschaft

Insekten sind die erfolgreichsten Tiere auf der Welt. Es leben zurzeit schätzungsweise 10 Trillionen (10.000.000.000.000.000.000) Insekten. Es gibt keinen Mangel an Käfern. Würde man alle Tiere und Pflanzen aufreihen, wäre jeder fünfte Platz mit einem Käfer besetzt.

Auf jeden Menschen kommen etwa 1,4 Millionen Ameisen auf der Welt!

SCHWERGEWICHT

Die Riesenweta ist mit 70 g das schwerste Insekt der Welt. Diese Langfühlerschrecke ist damit dreimal so schwer wie eine Maus.

Ein **FLOH** beschleunigt schneller als eine Rakete

Diese winzig kleinen Insekten haben superkräftige Beine!

Fit wie ein Floh

Flöhe heben so schnell ab, dass sie einer Beschleunigungskraft von 100 m/s² *(g)* standhalten müssen, das ist das Hundertfache der Erdanziehungskraft. Die Beschleunigungskraft, die Astronauten beim Start erfahren, liegt bei 3 m/s² *(g)*.

SPRUNG-DATEN

Zeitdauer eines Sprungs:
1/1000 Sekunde

Sprunggeschwindigkeit:
1,9 m/s

Durchschnittslänge:
7,6 cm

Ein Floh springt 38 Mal so weit, wie sein Körper lang ist. Ein Mensch müsste im Vergleich dazu über vier Busse springen.

Die größte BLUME der Welt stinkt nach verfaulendem Fleisch!

Die Titanenwurz mag stinken, aber sie macht es durch ihre Größe wieder wett.

Mega-Blume

Die Titanenwurz hat eine seltsame Blüte, die 3 m hoch wird und wie ein faltiger Finger in einer Papier-Muffin-Hülle aussieht. Genau genommen sind es mehrere Blüten an einem Stängel.

WARUM SO STINKIG?

Der Geruch nach Aas ist für uns nicht angenehm, aber er zieht Mistkäfer und Aasfliegen scharenweise an. Sie verbreiten den Pollen der Titanenwurz.

Weißkohl, Rosenkohl und Blumenkohl sind die GLEICHE PFLANZE

Entdecke die Geheimnisse des vielseitigsten Gemüse der Welt.

Brokkoli hat knollige Blütenköpfe.

Blumenkohl hat in einem Kopf zusammenstehende Blütensprossen.

Ein und dasselbe

Alle Kohlsorten stammen von einer Kohlart ab, dem Wildkohl Brassica oleracea. Über hunderte von Jahren haben Bauern ihn angebaut und mehr als ein halbes Dutzend verschiedene Sorten gezüchtet.

Grünkohlpflanzen haben größere Blätter.

Weißkohl hat dicht gepackte Blätter.

Kohlrabipflanzen haben dicke Knollen.

Rosenkohl hat an seinem Stamm Knospen („Röschen").

Nur 30 Nutzpflanzen liefern 95% unserer pflanzlichen Nahrung

Die Grundnahrung von Menschen ist recht eingeschränkt.

Iss Gemüse!

Pflanzen machen mehr als Vierfünftel unserer Nahrung aus, aber wir essen nur 30 verschiedene Sorten. Fast Zweidrittel unserer Grundversorgung an Energie liefern gerade einmal fünf Pflanzen – Reis, Weizen, Mais, Gerste und Hirse.

WENIG AUSWAHL

Die Menschheit hat nur Pflanzen angebaut, die den besten Ertrag auf der kleinsten Fläche erbringen. Aufgrund des Klimawandels kann diese Beschränkung unsere Nahrungsversorgung gefährden.

Abwechslungsreich

Wenn du willst, kannst du aus mehr als 30.000 verschiedenen Sorten an essbaren Pflanzen auswählen.

Siebzigtausend Pflanzenarten werden in der MEDIZIN genutzt

Alle möglichen Pflanzen werden dazu genutzt, um Heilmittel daraus herzustellen.

Wurzeln, Sprossen und Blätter

Pflanzliche Heilmittel werden direkt aus Pflanzenauszügen hergestellt. Diese Naturheilmittel werden gern bei Alltagsbeschwerden verwendet, wie z.B. Pfefferminztee bei Bauchweh.

Etwa ein Viertel der Zutaten in heutigen Medikamenten kommen von Pflanzen aus dem Regenwald.

TOLLE MEDIKAMENTE

Heutige Medikamente werden aus anorganischen (nicht lebenden) Chemikalien im Labor hergestellt. Viele von ihnen werden aus der Natur kopiert. Das Kopfschmerzmittel Aspirin enthält einen Wirkstoff, der in der Rinde von Weide gefunden wurde.

LEBEN im Regenwald

Ein Regenwald ist ein Ort, an dem mindestens 250 cm Regen pro Jahr fällt. Es gibt einige, in denen die doppelte Menge fällt.

Ein Fünftel des Sauerstoffs auf der Erde liefert der Amazonas-Regenwald.

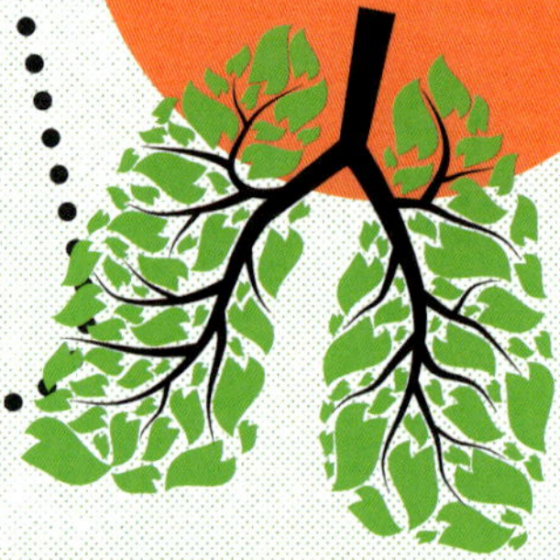

Der Amazonas-Regenwald ist der größte Regenwald auf der Welt.

Im Amazonas-Regenwald gibt es 400 Milliarden Bäume.

An jedem Tag wird eine Regenwaldfläche in der Größe von 45.000 Fußballfeldern abgeholzt.

Die tropischen Regenwälder Lateinamerikas sind die Heimat des lautesten Primaten, dem Brüllaffen, dessen Gebrüll noch in einer Entfernung von 5 km gehört werden kann!

Nicht einmal ein Prozent der Regenwald-Pflanzen wurde daraufhin untersucht, ob sie als Medizin verwendbar sind.

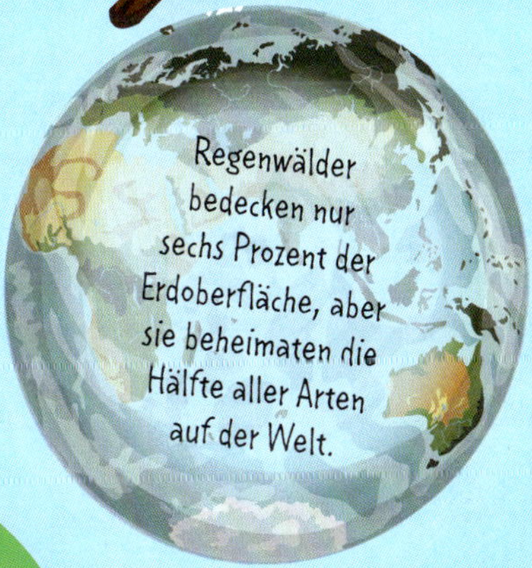

Regenwälder bedecken nur sechs Prozent der Erdoberfläche, aber sie beheimaten die Hälfte aller Arten auf der Welt.

Viele Waren kommen aus dem Regenwald – Bananen, Avocados, Paranüsse, Kaffee, Palmöl, Kakao, Vanille und tropische Harthölzer.

Die Sprossen des Riesenbambus wachsen bis zu 22 cm am Tag.

Nicht alle Regenwälder liegen in den TROPEN

Die größten Regenwälder sind tropisch, es gibt aber auch feuchte Waldgebiete in kühleren Gegenden.

Feucht und heiß

Tropische Regenwälder sind feucht und heiß. Regenwälder in gemäßigten Breiten sind ebenfalls feucht, und es ist heiß, aber nur im Sommer. Im Winter ist es kalt. Daher wachsen dort auch andere Baumarten.

NEBELSCHLEIER

Nebelwälder, die hoch oben an Berghängen wachsen, sind ständig in feuchten Nebel gehüllt. Obwohl es in ihnen aufgrund der Höhe immer kalt ist, kommen diese moosbedeckten Regenwälder sowohl in tropischen als auch gemäßigten Breiten vor.

Das größte LEBEWESEN der Welt ist ein Pilz

Blauwale sind nichts im Vergleich zu einem riesigen Schmarotzerpilz.

Riesen-Pilz

Das größte Lebewesen auf der Welt ist ein Honigpilz, der in den Blue Mountains in Oregon entdeckt wurde. Er misst 3,8 km in der Breite! Wenn der weit verzweigte Pilz auf einen genetisch gleichen trifft, verschmelzen sie miteinander.

Die gelb-braunen Pilzköpfe, die an der Oberfläche erscheinen, sind nur die Spitze dieses „Pilz-Eisbergs". Der größte Teil besteht aus einem weit verzweigten Pilzgeflecht unter der Erde.

Honigpilze schmecken gut zu Spaghetti mit Chilis!

Küstenmammutbäume sind die höchsten LEBEWESEN

Nordkalifornien ist die Heimat der gigantischsten Bäume der Welt.

Himmelwärts

Der höchste Baum der Welt ist ein schlaksiger, riesiger Kerl aus Holz namens Hyperion. Er ist 115,7 m hoch – 21 m höher als die Freiheitsstatue!

RIESENUMFANG

Küstenmammutbäume messen etwa 7 m an ihrer Basis. Riesenmammutbäume werden nicht so hoch wie Küstenmammutbäume, haben aber viel dickere Stämme. „General Sherman" ist 84 m hoch und misst 31 m an seiner Basis.

Riesenstämme

Hyperion wiegt geschätzte 725.700 kg – mehr als drei Blauwale.

Die meisten BÄUME sind zu 99 Prozent tot

Der größte Teil eines Baumes besteht nicht aus lebenden Zellen.

Junge Triebe

Obwohl ein Baum ein Lebewesen ist, machen nicht alle seine Zellen das, was lebende Zellen machen, nämlich Chemikalien umwandeln. In einem ausgewachsenen Baum findet man lebende Zellen nur in den Teilen, die wachsen – Blätter, Knospen, Wurzeln und die dünne Zellschicht unter der Rinde.

TOT, ABER NICHT NUTZLOS

Bei einem Schössling wachsen alle Zellen wie wild. Ein ausgewachsener Baum ist da viel ruhiger. Robuste, hölzerne Zellen helfen ihm, aufrecht zu stehen, während die Rinde die lebenden Zellen darunter schützt.

GINGKOS gibt es schon seit Millionen Jahren

Dinosaurier durchstreiften Gingkowälder!

Lebendes Fossil

Gingkos sind seit 200 Millionen Jahren ziemlich unverändert geblieben. Versteinerte Blätter dieses Baums wurden in Ablagerungen aus dem Perm gefunden, nicht lange vor dem Zeitalter der Dinosaurier. Heutige Gingkos haben keine lebenden Artverwandte mehr.

Gingkobeeren riechen nach Erbrochenem!

ROBUST UND ZÄH

Angesichts seines langen Daseins verwundert es nicht, dass der Gingko recht robust ist. Man pflanzt ihn gerne an Straßen.

Das älteste Lebewesen ist eine LANGLEBIGE KIEFER

Das älteste Lebewesen auf der Erde war bereits ein Jugendlicher, als die alten Ägypter mit dem Pyramidenbau begannen.

Die ältesten Drei

Pappelfeige
Land: Sri Lanka
Alter: mindestens 2.222 Jahre

Patagonische Zypresse
Land: Chile
Alter: 3.627 Jahre

Langlebige Kiefer
Land: USA
Alter: 5.067 Jahre

TOP SECRET

Der Ort der ältesten Langlebigen Kiefer ist geheim, damit keine Touristenattraktion daraus wird.

Manche TIERE leben jahrhundertelang

Das älteste Tier der Welt ist eine Islandmuschel.

Gestatten: Ming!

Die Islandmuschel lebt im Nordatlantik und wird etwa 5 cm groß. Niemand weiß, wie alt sie werden kann. Ein Exemplar, das man Ming nannte, lebte 507 Jahre!

Eine Schildkröte namens Tu'i Malila wurde 189 Jahre alt. Andere wurden vielleicht sogar noch älter!

- ✓ Rote Diademseeigel werden älter als 200 Jahre.
- ✓ Grönlandwale können länger als 200 Jahre leben.
- ✓ Von einem Grönlandhai weiß man, dass er mehr als 400 Jahre gelebt hat.

Das Great-Barrier-Riff ist das größte lebende Gebilde, das von Lebewesen gemacht wurde

Das Great-Barrier-Riff in Australien ist größer als Italien. Es ist so groß, dass es vom All aus gesehen werden kann.

Meeres-Paradies

Das Great-Barrier-Riff in Australien ist eines der Naturwunder der Erde. Es erstreckt sich auf einer Länge von 2.300 km mit mehr als 3.000 kleineren Riffen und ist die Heimat von jeder zehnten Meeresfisch-Art.

Dem Riff droht die Gefahr der sogenannten Korallenbleiche, das bedeutet, dass die lebenden Teile der Korallen ihre Farbe verlieren und absterben.

Unsere OZEANE

Fast Dreiviertel der Erdoberfläche ist von Ozeanen bedeckt.

Das Plankton in den Ozeanen liefert den meisten Sauerstoff auf unserem Planeten.

Während der Mond die Erde umkreist, zieht seine Schwerkraft das Meereswasser an und es gibt zweimal am Tag Ebbe und Flut – die Gezeiten.

Die fünf großen Weltmeere sind miteinander verbunden. Der Pazifische Ozean ist der größte.

Wellen entstehen durch den Wind, der über das Wasser bläst.

Die Bay of Fundy in Neufundland hat die höchsten Gezeiten auf der Welt. Der Unterschied zwischen Ebbe und Flut beträgt 16,3 m.

Die größte Gebirgskette auf der Welt erstreckt sich über 65.000 km inmitten der Ozeane.

Der Name des Pazifischen Ozeans stammt aus dem Lateinischen und bedeutet „friedlich“.

Etwa 20 Millionen Tonnen Gold sind in den Ozeanen untergegangen.

An die 3 Millionen Schiffswracks übersäen den Meeresboden.

Fast alle **LEBEWESEN** auf der Erde leben in den Ozeanen

Das Leben begann in den Ozeanen und das meiste davon blieb auch dort!

Verborgenes Leben

Wissenschaftler denken, dass 99 Prozent des Lebensraums auf der Erde sich im Meer befindet. So verwundert es auch nicht, dass 94 Prozent der Organismen hier leben. Was dennoch überrascht, ist, dass wir nur einen Bruchteil davon kennen.

Unter Beobachtung

Der Koloss-Kalmar hat die größten Augen weltweit. Sie können so groß wie der Kopf eines Menschen werden!

Seepferdchen sind die einzige Tierart, bei der die Männchen schwanger werden.

Das Meer kann LEUCHTEN

Alte Seeleute nannten es „das Brennen des Meeres“. In dunklen Nächten erscheinen blaue Lichter auf dem unruhigen Meer.

Biolumineszenz

Mikroskopisch kleines Plankton kann einen ganz verrückten Lichteffekt erzeugen. Dabei sehen neonfarbige Lichtpünktchen wie ein treibendes Sternenfeld aus. Wissenschaftler glauben, dass dieses Licht eine Alarmanlage ist, die größere Tiere auf die Anwesenheit von Fressfeinden des Planktons aufmerksam machen soll. Größere Jäger kommen und fressen die Feinde des Planktons.

Mehr als Vierfünftel der Meeresbewohner kann selbst Licht erzeugen.

Die Fähigkeit von Lebewesen, selbst Licht erzeugen zu können, nennt man Biolumineszenz.

Das tödlichste Tier des Ozeans ist der BLAUGERINGELTE Krake

Ein süßer, kleiner, achtbeiniger Kerl mit leuchtend-blauen Ringen ist eines der giftigsten Tiere auf der Erde!

Giftzwerg

Der Blaugeringelte Krake, der kaum größer als ein Bleistiftstummel ist, besitzt eines der stärksten bekannten Gifte. Ein Biss von ihm verursacht eine Lähmung der Lippen, gefolgt von heftigem Erbrechen. Weitere Lähmungserscheinungen treten auf, es kommt zum Atemstillstand und schließlich tritt der Tod innerhalb von sechs Stunden ein.

WARNSIGNALE

Fühlt sich der Krake gestört, lässt er seine neon-blauen Ringe aufleuchten. Bloß weg da!

Das schnellste Tier im Meer ist der SCHWARZE MARLIN

Normalerweise stellt man die Geschwindigkeit eines Fisches fest, indem man die Geschwindigkeit misst, mit der er die Schnur von einer Angelrolle abrollt. Diese Messung ist aber angesichts der Geschwindigkeit des Bootes und der Strömungen im Wasser kompliziert.

Der schnellste Fisch

Der Schwarze Marlin ist der Champion der Meere mit einer Rekordgeschwindigkeit von 129 km/h.

PERFEKT GEFORMT

Der Schwarze Marlin hat einen Körper wie eine Gewehrkugel und einen speerförmigen Oberkiefer. Mit seiner gebogenen Schwanzflosse kann er superschnell beschleunigen.

SALZIGE EISZAPFEN bilden sich in sehr kaltem Wasser

Tödliche Eisfinger, Sole-Eiszapfen genannt, wachsen in dem eiskalten Wasser der Arktis und Antarktis nach unten und töten alles auf ihrem Weg.

Folgendes passiert:

1 Die Temperatur der Polarluft beträgt etwa minus 20 °C, aber das Meereswasser ist nur minus 1,9 °C kalt. Wärme steigt von dem Wasser in die Luft auf, und es bildet sich Meereseis an der Oberfläche.

2 Während das Eis gefriert, wird Salz freigesetzt und es bilden sich Salzlaken (Sole), die in Rissen durch die Eisschicht durchsickern.

3 Die stark salzhaltige Sole sinkt unter die Eisschicht, da salzreiches Wasser bei niedrigerer Temperatur gefriert.

4 Meereswasser, das mit dem Sole-Eiszapfen in Berührung kommt, gefriert augenblicklich und tötet alles in der Nähe ab.

Der OZEAN ist voller seltsamer Geräusche

Tauche ein Hydrophon (Unterwassermikrofon) ins Meer und du wirst unheimliche Geräusche hören.

Unbekannte Ozean-Laute

Seltsamen Lauten unter Wasser gibt man Namen. Der Bloop war ein starker, niederfrequenter Ton, der 1977 von verschiedenen Sonarstationen tausende Kilometer entfernt aufgefangen wurde. Er könnte durch ein Seebeben oder einen Vulkanausbruch verursacht worden sein. Stammte er von einem Tier, so müsste dieses größer als ein Blauwal gewesen sein.

WALGESÄNGE

Wale erzeugen von allen Tieren die lautesten Töne, die noch in einer Entfernung von 800 km gehört werden können.

DIE TIEFSEE

Im Durchschnitt ist der Ozean 3,7 km tief. Das ist das Achtfache des Empire State Buildings.

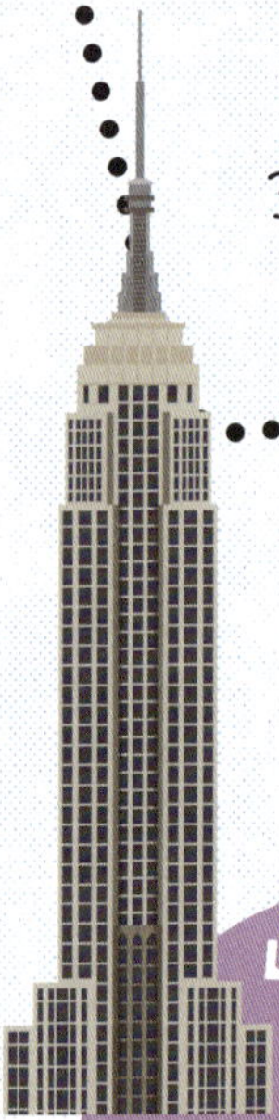

Der tiefste Punkt im Ozean ist das Challengertief, das etwa 300 km südwestlich von Guam im Pazifik liegt.

Der Mount Everest würde gut und gern in den Marianengraben passen und es wäre sogar noch ein bisschen Platz.

Das Challengertief ist 11.030 m tief. Das ist die 25-fache Höhe des Empire State Buildings.

Koloss-Kalmare können so lang wie ein Doppeldecker-Bus werden.

Es gibt mehr Wissen über die Oberfläche des Mondes als über die Tiefen der Meere.

Koboldhai

Anglerfisch

Licht reicht nicht weiter als 1 km unter Wasser. Darunter ist es stockdunkel.

Tiere, die auf dem Meeresboden leben, halten einem Druck von 1 Tonne je Quadratzentimeter ihres Körpers stand.

Die Temperatur von Tiefseewasser beträgt 0–3 °C.

Rätselhafte, unterseeische „Flüsse“ führen Sand und Schlamm auf den Meeresboden mit sich.

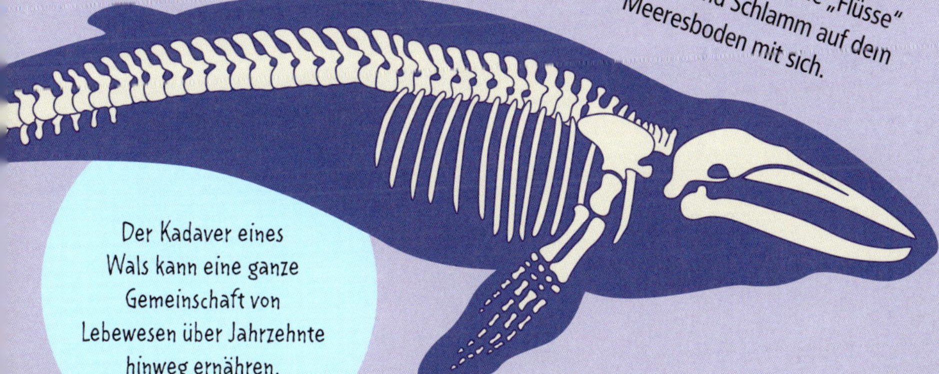

Der Kadaver eines Wals kann eine ganze Gemeinschaft von Lebewesen über Jahrzehnte hinweg ernähren.

Das größte Raubtier, das jemals gelebt hat, war KEIN DINOSAURIER

Der riesige Liopleurodon war ein urzeitliches Meeresungeheuer.

Unantastbar

Der Liopleurodon war ein riesiges Meeresreptil, das zur Zeit der Dinosaurier lebte. Er hatte unregelmäßige Zähne, einen kurzen Nacken und starke Flossen, mit denen er durch das Wasser schoss. Der Liopleurodon war, wie heutzutage Haie, ein Spitzenraubtier ohne natürliche Feinde.

LIOPLEURODON-STECKBRIEF

Größe: 5-7 m lang

Speiseplan: Fische und andere Meeresreptilien

Zeitalter: Mittel- bis Spätjura, vor 160-155 Millionen Jahren

Die Zähne des Liopleurodons waren mit 46 cm länger als ein Brotmesser.

Ein urzeitlicher **HAI** hatte Zähne wie eine Kettensäge

Das seltsamste Meereswesen lebte im Zeitalter des Perms vor 270 Millionen Jahren.

Kiefer wie eine Kreissäge

Der wild aussehende Helicoprion ist ein ausgestorbener Knorpelfisch mit einer Zahnspirale vorn im Mund. Wissenschaftler denken, dass diese Zahnspirale im Unterkiefer eingebettet war, doch niemand weiß, wie der Fisch sie benutzte!

MAHLZEIT!

Das senkrechtstehende Zahnrad des Helicoprions war vermutlich hervorragend dazu geeignet, Weichtiere wie Kraken und Kalmare aufzuschlitzen.

Helicoprion bedeutet im Griechischen so viel wie „Spiral-Säge".

Kalk entstand aus BILLIONEN von winzig kleinen Versteinerungen

Die berühmten Kreidefelsen von England und Frankreich entstanden durch mikroskopisch kleine Fossilien!

Der meiste Kalk lagerte sich in der Kreidezeit vor 100 bis 60 Millionen Jahren ab.

Schlammiges Ende

Kalk war einst feiner Schlamm auf dem Meeresboden. Er entstand aus den mikroskopisch kleinen Überresten von Plankton, das nach dem Absterben auf den Boden sank.

MIKROFOSSILIEN, DIE MAN IN KALK FINDEN KANN:

- Foraminiferen
- Ostrakoden
- Kieselalgen
- Dinoflagellaten
- Strahlentierchen

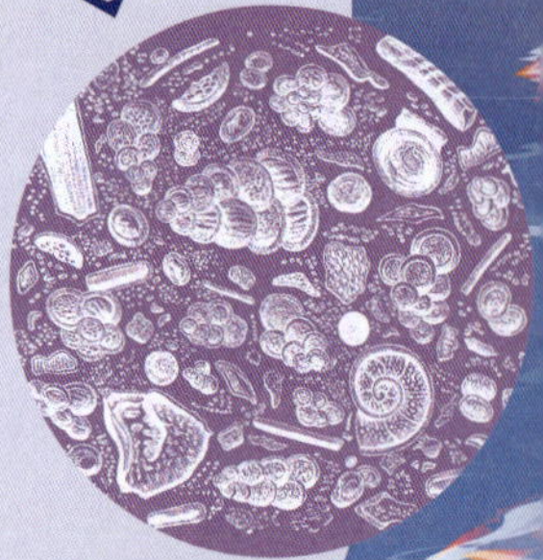

Das größte FLUGINSEKT, das es jemals gab, hatte die Flügelspannweite eines Vogels

Glücklicherweise lebte dieser urzeitliche Plagegeist vor 300 Millionen Jahren!

Riesen-Libelle

Die Flügelspannweite einer Meganeura betrug etwa 65 cm, was der einer Taube entspricht. Wie Libellen heutzutage legte die Meganeura ihre Eier in Wasser ab und verbrachte vermutlich den Großteil ihres Lebens als Larve im Wasser.

RIESEN-INSEKTEN

Ein hoher Sauerstoffgehalt im Karbon-Zeitalter ließ Insekten riesengroß werden. Einer dieser furchteinflößenden Riesen war ein Tausendfüßer, der 2,3 m lang war – länger als ein extragroßes Doppelbett!

Das Gehirn eines Stegosauriers war nicht größer als eine Walnuss

Stegosaurier hatten vielleicht riesige Schwanzstacheln, aber sie hatten kein großes Gehirn!

Doofer Dino?

Viele Dinosaurier hatten kleine Gehirne, denn der meiste Platz in ihren Schädeln wurde dafür genutzt, kräftige Beißmuskeln unterzubringen. Obwohl das Gehirn die Größe einer Walnuss hatte, war es eher wie eine Wurst geformt.

Stegosaurier heißt „bedachte Eidechse", denn die Paläontologen dachten zuerst, dass die Rückenplatten wie Dachziegel wären.

Stegosaurier lebten während des Spätjuras vor 155–150 Millionen Jahren.

Der **URAHNE** von allen Wirbeltieren war ein wurmähnliches Lebewesen

Wirbeltiere besitzen eine Wirbelsäule. Zu ihnen zählen Fische, Amphibien, Reptilien, Säugetiere und Vögel.

Schwimmende Würmchen

Im Zeitalter des Kambriums vor 500 Millionen Jahren entwickelten sich im Meer Tiere mit einer Wirbelsäule. Die ersten Wirbeltiere sahen wie kleine Würmer aus und schwammen frei in den Ur-Ozeanen umher. Auch wenn sie uns nicht ähnlich sehen, haben sie dennoch wie alle Wirbeltiere einen spiegelgleichen Körperbau und Muskelgruppen, die an der Wirbelsäule festgemacht sind und mit denen sie sich bewegen können.

Myllokunmingia

Cathaymyrus

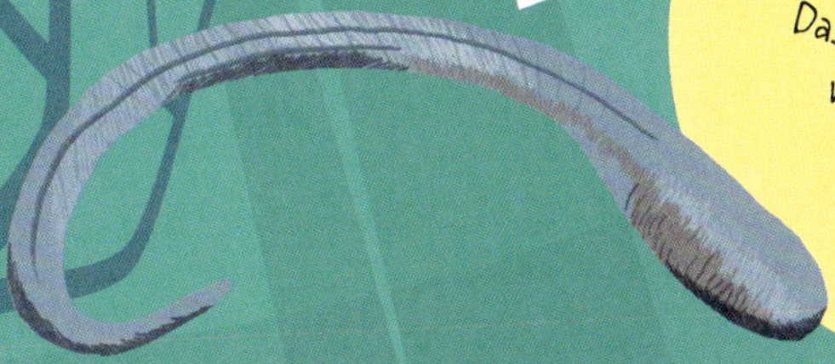

Ein heutiges Lebewesen sieht diesen urzeitlichen Vorfahren verblüffend ähnlich. Das Lanzettfischchen lebt verborgen im Sand von Flussbetten.

Dinosaurier sind NICHT ausgestorben

Du denkst vielleicht, dass Dinosaurier vor 65 Millionen Jahren ausgestorben sind, aber es gibt sie immer noch. Wir nennen sie Vögel!

Dino-Vögel

Die urzeitlichen Monster, die wir aus dem Kino kennen, sind für immer weg … aber die Vögel gibt es noch. Sie sind die nächsten Verwandten der Dinosaurier. Während die großen Kerle nach einem Asteroiden-Einschlag vor 65 Millionen Jahren ausgestorben sind, überlebten kleinere, schnelle Vögel.

VOGEL-DINOS

Du kannst das Vogelartige in einem Dinosaurier leicht entdecken. Vom Tyrannosaurus Rex bis zum Archäopteryx hatten alle Gabelbeine. Ihre Beckenknochen zeigten nach hinten wie bei einem Vogel und manche hatten auch Federn, obwohl die meisten zu schwer zum Fliegen waren.

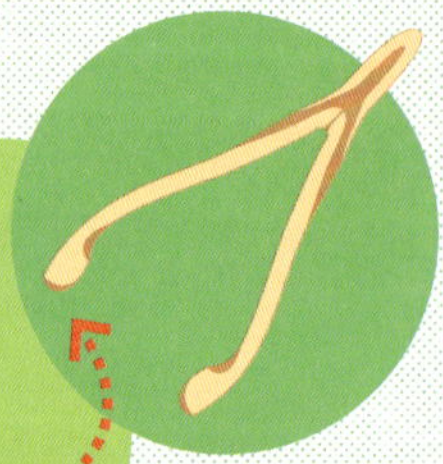

Die Zähne eines SÄBELZAHNTIGERS waren riesig, aber schwach

Die Zähne dieser urzeitlichen Säbelzahnkatze sahen gefährlich aus, waren aber schlecht zu benutzen.

Heutige Großkatzen umklammern mit ihren Kiefern die Hälse ihrer Beute, um sie zu ersticken. Die Kiefermuskeln des Säbelzahntigers waren dafür nicht stark genug. Stattdessen brachte er mit seinen kräftigen Vorderbeinen Büffel, Pferde oder Riesenfaultiere zu Fall. Erst dann nutzte er seine gewaltigen Zähne, um sein Opfer mit einem schnellen Biss in den Hals zu töten.

Die dolchartigen Zähne einer Säbelzahnkatze waren 20 cm lang.

Weit aufmachen!

Damit er Futter durch seine riesigen Vorderzähne brachte, musste ein Säbelzahntiger seinen Mund weit aufmachen.

Leben in der EISZEIT

In der Erdgeschichte gab es mindestens fünf Eiszeiten.

Während der letzten Eiszeit bedeckten Schnee und Eis dauerhaft große Teile des Planeten.

Die letzte Eiszeit dauerte etwa 100.000 Jahre, in der Zeit vor 110.000 bis 12.000 Jahren.

Die Stoßzähne eines Wollhaarmammuts waren bis zu 2,7 m lang und wogen etwa 45 kg, so viel wie vier Goldbarren!

Wollhaar-mammut

Das größte Landsäugetier, das es jemals gab, das Paraceratherium, war ein 20 Tonnen schweres, riesiges, hornloses Nashorn.

Große Tiere können ihre Körperwärme besser speichern als kleinere, vor allem in Kältezeiten.

„Schreckenswölfe" (Canis dirus) waren riesige Wölfe, deren Körper man eingeschlossen in Teergruben in Kalifornien gefunden hat.

Viele Körper von Wollhaarmammuts hat man völlig unversehrt im Dauerfrostboden gefunden.

Ein pelziges Nashorn aus der Eiszeit hatte ein breites, flaches Horn zum Schneeschaufeln.

Wissenschaftler möchten Mammuts zum Leben erwecken, indem sie eingefrorene DNA Elefanten einpflanzen.

Während der Eiszeit lebten viele riesige Tiere, die man Megafauna nennt.

Menschen stammen NICHT von Schimpansen ab

Aber unsere Familienstammbäume haben vieles gemeinsam!

Kahler und klüger

Menschen sind wie die Schimpansen Affen. Unsere Körper besitzen viele Ähnlichkeiten, da wir den gleichen Vorfahren haben. Er lebte vor drei Millionen Jahren und war weder ein neuzeitlicher Mensch noch Schimpanse. Wir stammen beide von diesem langarmigen, haarigen Vorfahren mit kleinem Gehirn ab, aber die Menschen wurden zu kurzarmigen, haarlosen Wesen mit einem großen Gehirn.

Menschen haben ÜBERGROSSE GEHIRNE

Im Verhältnis zur Körpergröße sind sie ungewöhnlich groß.

MENSCH
Anzahl der Gehirnzellen: 16,3 Milliarden

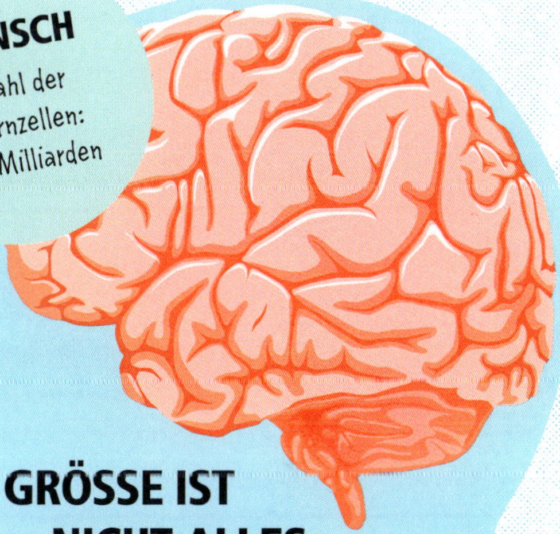

Größere Gehirne

Vor etwa 2,5 Millionen Jahren wurden die Gehirne unserer Vorfahren größer. Versteinerungen zeigen, dass die Gehirne dieser frühen Menschen von einer Größe von 0,6 l auf 1 l anwuchsen. Das verhalf den frühen Menschen zu einem Intelligenzschub.

GRÖSSE IST NICHT ALLES

Intelligenz hängt nicht allein von der Größe des Gehirns ab. Elefanten und Wale haben viel größere Gehirne als Menschen, aber wir haben wesentlich mehr Gehirnzellen.

ELEFANT
Anzahl der Gehirnzellen: 5,59 Milliarden

Du bist vielleicht ein TEIL-NEANDERTALER

Vor 60.000 Jahren gab es drei Menschenarten – Neandertaler, Denisova-Menschen und neuzeitliche Menschen. Heute gibt es nur noch eine: Homo sapiens. Aber viele von uns haben noch Gene von unseren grobknochigen, stämmigen Cousins mit den breiten Kieferknochen, den Neandertalern!

Woher weiß man, ob man ein Teil-Neandertaler ist?*

*Der einzige Weg herauszufinden, ob man Neandertaler-DNA besitzt, ist ein DNA-Test.

Urahnen

Europäer und Asiaten besitzen zwischen einem und vier Prozent Neandertaler-DNA. Afrikaner haben keines.

Der älteste Mensch wurde 122 JAHRE alt

Im Durchschnitt leben Menschen 71,5 Jahre, aber manche übertreffen diesen Durchschnitt bei Weitem.

Ältester Mensch

Jeanne Calment führte das nachgewiesen längste Leben eines Menschen. Die Französin wurde 1875 geboren und starb 1997 im Alter von 122 Jahren und 164 Tagen.

ÜBER-ALTERUNG

Da die Menschen älter und weniger Babys geboren werden, überaltern manche Staaten. In Japan vervierfachte sich die Zahl der über 60-Jährigen in den letzten 40 Jahren.

Es gibt über sieben Milliarden MENSCHEN auf der Erde

Vor gerade einmal hundert Jahren gab es nur eine Milliarde Menschen auf der Erde. Heute sind es fast 7,6 Milliarden und 2024 wird die Weltbevölkerung die 8-Milliarden-Grenze überschreiten.

HIER LEBEN DIE MEISTEN MENSCHEN*:

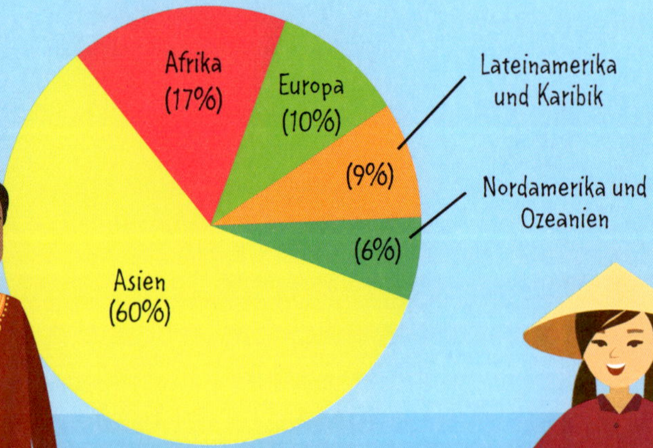

Große Bevölkerungen

Der bevölkerungsreichste Staat ist China mit 1,4 Milliarden Menschen, gefolgt von Indien mit 1,3 Milliarden.

* In der Summe ergeben die Zahlen aufgrund der Rundung mehr als 100%.

Es gibt so VIELE KINDER wie noch nie auf der Welt

Es gibt 1,8 Milliarden Menschen im Alter zwischen 10 und 24 auf der Welt.

Jungbrunnen

Im Vergleich zu vor 60 Jahren bekommen Frauen viel weniger Kinder. Aber die Babys, die geboren werden, haben viel größere Überlebenschancen als früher. Daher wächst die Weltbevölkerung noch immer!

Nigeria in Afrika hat die jüngste Bevölkerung der Welt.

250 Babys werden in jeder Minute geboren.

Alle Menschen auf der Welt PASSEN in eine Stadt

Drücken und quetschen

Die gesamte Weltbevölkerung könnte in die amerikanische Stadt Los Angeles passen. Stell dir vor – 7,6 Milliarden Menschen auf 1.300 km² Fläche! Du hättest keine Chance, die Sehenswürdigkeiten zu besichtigen!

NOCH EINEN SCHRITT WEITER

Spinnen wir den Gedanken weiter. Die Atome deines Körpers bestehen hauptsächlich aus leerem Raum. Könnte man einen Weg finden, einen Menschen auf das kleinste Volumen zusammenzuquetschen … dann würde die ganze Menschheit in einen Raum in der Größe eines Zuckerwürfels passen!

Über die Hälfte der MENSCHHEIT lebt in Städten

10 der 20 am schnellsten wachsenden Städte der Welt liegen in China.

Tokio-Yokohama, Japan, ist die größte städtische Region der Welt. Es leben dort über 37 Millionen Menschen.

Mega-Städte

Städte nehmen nur einen winzig kleinen Teil der verfügbaren Fläche auf der Erde ein. Dennoch lebt mehr als die Hälfte der Menschen in einer Stadt. Jeder Fünfte lebt in einer Stadt, die mehr als 1 Million Einwohner hat. Es gibt mehr als 30 Mega-Städte mit über 10 Millionen Einwohnern.

Macau in China ist mit 20.500 Menschen je Quadratkilometer die dicht bewohnteste Stadt der Welt.

Das SONNENSYSTEM ist 4,6 Milliarden Jahre alt

Die Sonne und die Planeten, die sie umkreisen, sind unvorstellbar alt. Wissenschaftler denken, dass sie entstanden sind, als ein nahegelegener Stern explodierte.

Wie man ein Sonnensystem herstellt

1 Nimm eine Staubwolke, die durch das All schwebt, und führe in der Nähe eine enorme Explosion herbei.

2 Die Wolke fällt in sich zusammen und verdichtet sich immer mehr.

3 Wenn genug Zeug in der Mitte zusammengedrückt ist, kommt es zu Kernfusionsreaktionen und ein neuer Stern wird geboren.

4 Der neue Stern wird von einer sich drehenden Scheibe an Trümmerresten umgeben. Aus diesem Material formen sich die Planeten, damit ein Sonnensystem entsteht.

Die meiste **MASSE** ist in der Sonne

Fast die gesamte Masse des Sonnensystems befindet sich in dem großen Stern in der Mitte.

Die Sonne ist wirklich groß. Unheimlich groß. Mehr als eine Million Erden hätten in ihr Platz.

1 Sonne
2 Merkur
3 Venus
4 Erde
5 Mars
6 Jupiter
7 Saturn
8 Uranus
9 Neptun

Überbleibsel

Unsere Sonne enthält 99,86 Prozent aller Materie in unserem Sonnensystem. Alles andere – all die Planeten und Monde, die zahllosen Asteroiden, Kometen und anderen Dinge in unserem Sonnensystem – ist aus dem restlichen 0,14 Prozent gemacht.

RIESE JUPITER

Die meiste Materie von diesen restlichen 0,14 Prozent steckt im Jupiter. Zusammen mit dem Saturn hat er mehr als 90 Prozent der Masse von allen Planeten.

Alle Planeten des SONNENSYSTEMS bewegen sich in die gleiche Richtung

Sieht man das Sonnensystem von „unten", bewegen sich alle Planeten im Uhrzeigersinn.

In Drehung

Auch wenn es unwahrscheinlich klingt, aber die Planeten drehen sich tatsächlich alle in die gleiche Richtung um die Sonne. Und sie umkreisen sie sogar auf der gleichen Ebene, als ob sie sich auf einer riesigen Scheibe um die Sonne in der Mitte herum drehen würden. Das ist auf die Entstehung des Sonnensystems zurückzuführen. Als die Staub- und Gaswolke durch ihre eigene Schwerkraft in sich hineingezogen wurde, begann sie, sich zu drehen.

In nur 2 MILLIARDEN Jahren werden die Ozeane verdampft sein

Das ist nur eine Auswirkung, wenn unser Stern älter wird.

Halbzeit

Die Lebensdauer eines Sterns wie unsere Sonne beträgt etwa 10 Milliarden Jahre. Das bedeutet, dass sie schon fast die Hälfte hinter sich hat.

ERWÄRMUNG

Wenn der Wasserstoff im Kern der Sonne ausgeht, wird sie einen schwereren Brennstoff verbrennen und damit heller und heißer werden. In zwei Milliarden Jahren wird es auf der Erde so heiß sein, dass das Wasser in den Ozeanen verdampfen wird. Das wird das Ende des Lebens auf der Erde sein und unser Planet wird eine Wüste werden.

MERKUR ist der schnellste Planet

Wenn die Erde die Sonne einmal umrundet hat, ist der flotte Merkur schon viermal um sie herumgeflitzt!

Warum so schnell?

Merkur ist der Planet, der der Sonne am nächsten ist. Seine Reise um die Sonne ist daher die kürzeste. Außerdem muss sich der kleine Steinplanet schneller drehen, um die stärkere Anziehungskraft der Sonne auszugleichen.

SO SCHNELL IST MERKUR

- Durchschnittsgeschwindigkeit: 170.505 km/h.
- Umrundung der Sonne in nur 88 Erd-Tagen.

Venus ist der HEISSESTE PLANET

Die Venus ist fast zweimal so weit von der Sonne entfernt als der Merkur, aber sie ist heißer.

Schwesterherz

Die Venus wird manchmal unser „Schwester-Planet" genannt, weil sie fast die gleiche Größe wie die Erde hat. Die Ähnlichkeiten hören damit aber auch schon wieder auf! Venus ist von einer dichten Kohlendioxid-Atmosphäre mit tödlichen Schwefelsäure-Wolken umgeben. Die Luft ist so dick, dass der Oberflächendruck 90 Mal höher ist als auf der Erde.

Auf der Venus geht die Sonne im Westen auf und im Osten unter.

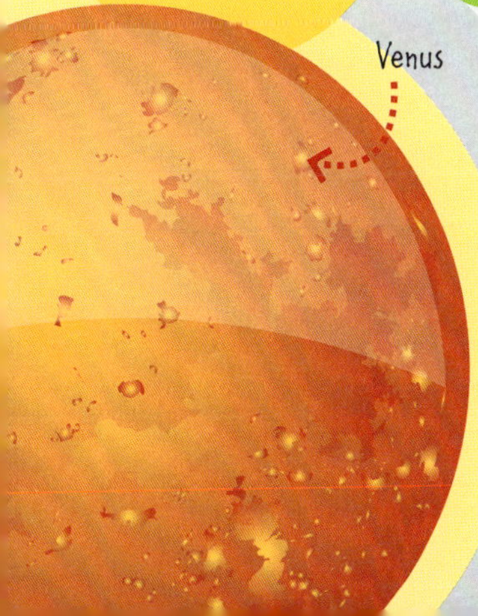

TREIBHAUS-EFFEKT

Die dichte Atmosphäre der Venus fängt die Hitze der Sonne ein und lässt die Oberflächentemperatur auf über 462 °C ansteigen. Heiß genug, um Zinn und Blei zu schmelzen.

Erde und MOND

Die Tage auf der Erde werden länger, da die Anziehungskraft des Mondes die Drehung unseres Planeten sacht abbremst.

Der Mond treibt ganz langsam von der Erde weg, etwa in der Geschwindigkeit wie deine Fingernägel wachsen.

Die Erde ist der dichteste Planet im Sonnensystem.

Du bewegst dich durch das All mit einer Geschwindigkeit von 107.200 km/h – das ist hundertmal schneller als ein Passagierflugzeug.

Der Mond braucht etwa 27 Tage, um die Erde zu umkreisen.

Im Erdkern herrscht eine Temperatur von 6.000 °C – so heiß wie auf der Oberfläche der Sonne.

Wissenschaftler glauben, dass der Mond entstand, als ein Gesteinsbrocken aus dem All in der Größe des Mars auf die Erde traf, etwa vor 4,5 Milliarden Jahren.

Ein Tag auf dem Mond dauert so lang wie sein Jahr. Da unser Satellit sich in der genau gleichen Geschwindigkeit um sich selbst dreht, mit der er die Erde umkreist, sehen wir immer nur eine Seite des Mondes.

Erstaunlicherweise sieht der Mond am Himmel genauso groß aus wie die Sonne. Die Sonne ist 400 Mal breiter als der Mond, sie ist aber auch 400 Mal weiter entfernt.

Die Schwerkraft auf dem Mond beträgt nur ein Sechstel von der auf der Erde. Besuche den Mond und du verlierst augenblicklich Fünfsechstel deines Gewichts!

Mars hat die erstaunlichsten **SEHENSWÜRDIGKEITEN** im Sonnensystem

Pack genug Proviant und einen Raumanzug ein!
Auf geht's zu den Sehenswürdigkeiten auf dem Mars!

Sitz der Götter

Olympus Mons ist der größte Vulkan im Sonnensystem. Er ist 600 km breit und 22 km hoch. Das ist zweieinhalbmal so hoch wie der Mount Everest, dem höchsten Berg auf der Erde. Wissenschaftler denken, dass der Vulkan noch aktiv ist.

DER GRAND CANYON DES MARS

Die 4.000 km langen Valles Marineris beschämen den Grand Canyon in den USA. Dieser riesige Graben auf der Oberfläche des Mars ist an seiner tiefsten Stelle 7 km tief.

Tom Hanks und Meg Ryan sind ASTEROIDEN

Astronomen haben viel Spaß daran, sich verrückte Namen für Gesteinsbrocken im All auszudenken.

Es gibt vielleicht um die 1.600 Asteroiden, die für die Erde gefährlich werden könnten.

Steine im All!

Es gibt Millionen von Gesteinsbrocken, die im All schweben. Diese sogenannten Asteroide sind übrig geblieben, als sich das Sonnensystem geformt hat. Die meisten dieser Gesteinstrümmer umkreisen die Sonne zwischen den Umlaufbahnen von Mars und Jupiter. Dieses Band nennt man auch Asteroidengürtel.

ASTEROIDEN-NAMEN:

9007 James Bond

2309 Mr. Spock

7470 Jabberwock

30269 Anandapadmanaban

Ein Sturm auf dem Jupiter ist dreimal größer als die Erde

Jupiter ist tausendmal größer als die Erde
und alles dort ist übergroß

Gigantisch!

Der Große Rote Fleck auf dem Jupiter ist ein gigantischer Sturm, ähnlich wie ein tropischer Wirbelsturm. Der Hauptunterschied zu einem Hurrikan auf der Erde ist, dass die Ausgabe auf dem Jupiter unglaublich riesig ist – dreimal so groß wie unser Planet!

OLDTIMER

Da es auf dem Jupiter keinen festen Boden gibt, der die Stürme abschwächen könnte, blasen sie eine sehr lange Zeit. Der Große Rote Fleck, der im Jahr 1830 entdeckt wurde, tobt seitdem immer noch, aber er könnte auch schon 350 Jahre oder länger blasen.

JUPITER hat die meisten Monde

Von allen Planeten im Sonnensystem hat Jupiter mit 63 Monden die meisten, gefolgt von Uranus mit 27.

Die vier größten Monde des Jupiters werden galileischen Monde genannt, da sie von dem berühmten italienischen Wissenschaftler Galileo im Jahr 1610 entdeckt wurden.

1 Io

Io ist voll mit Vulkanen, die Lavaströme und Schwaden von eisigem Schwefel ausstoßen.

2 Europa

Europa ist mit Schichten von Eis überdeckt. Wissenschaftler denken aber, dass unter der gefrorenen Oberfläche ein Ozean mit verborgenem Leben liegen könnte.

3 Ganymed

Ganymed ist der größte Mond im Sonnensystem und größer als Merkur.

4 Kallisto

Kallisto ist von Kratern übersät und mit seiner toten Welt sieht er ein bisschen wie unser Mond aus.

Der Saturn würde im WASSER schwimmen

Der Saturn ist zwar der zweitgrößte Planet im Sonnensystem, aber er besteht aus leichten Gasen.

Großes Leichtgewicht

Du kannst auf dem Saturn nicht stehen, denn er besteht aus Wasserstoff und Helium. Diese Gase sind leichter als Wasser, sodass er schwimmen würde. Aber wer hat schon eine so große Badewanne?

UMRINGT

Die Ringe des Saturns sind gigantisch, aber sehr dünn – dünner als 1 km. Sie sind nicht fest, sondern bestehen aus Staub, Steinen und Eisbrocken, und manche davon sind so groß wie ein Haus.

URANUS hätte beinah Planet George geheißen

Wie der Uranus zu seinem lustigen Namen gekommen ist:

1781
Uranus wurde von dem englischen Astronomen William Herschel entdeckt. Er wurde schon früher gesichtet, aber man hatte ihn für einen Stern gehalten. Herschel erkannte durch das Teleskop, dass es ein Planet sein musste.

1783
Herschel nennt seine Entdeckung „Georgium Sidus“ nach König George III. Im Jahr 1783 wird „George“ als Planet anerkannt.

1850
Die anderen Planeten unseres Sonnensystems sind nach Göttern der griechischen Mythologie benannt. Daher änderte Johann Bode den Namen in „Uranus“ – nach dem griechischen Gott des Himmels.

Uranus umkreist die Sonne auf der Seite liegend.

Auf dem Neptun regnet es DIAMANTEN

Der Neptun ist der König des Klunkers. Auf diesem riesigen Eisplaneten regnet es ungeschliffene Diamanten-„Hagelkörner".

Diamanten-Regen

Neptun ist eine eisige Welt fernab der Sonne. Seine Atmosphäre enthält viel gefrorenes Methan. Auf der Erde verbrennen wir dieses Gas in Boilern, Heizungen und Öfen. Auf dem Neptun wird es durch die dichte Atmosphäre zu festen Diamanten zusammengedrückt, die wie Hagelkörner vom Himmel fallen.

WEGGEBLASEN

Auf dem Neptun wehen die stärksten Winde im Sonnensystem. Gefrorene Methan-Wolken peitschen um den Himmel mit Geschwindigkeiten von mehr als 2.000 km/h.

Pluto ist kleiner als die USA

Als die NASA-Raumsonde „New Horizons“ 2015 den Pluto erreichte, konnte sie die ersten exakten Messungen dieses Zwergplaneten vornehmen.

Zwerg Pluto

Pluto hat einen Durchmesser von 2.370 km. Das bedeutet, dass er leicht auf der Landmasse der USA Platz hätte, die etwa 4.669 km breit ist.

HERABGESTUFT

Im Jahr 2006 verlor Pluto seinen Status als Planet. Da ihm die Masse fehlt, seine Umlaufbahn von Gesteinsbrocken frei zu halten, wurde er zu einem Zwergplaneten herabgestuft.

BUMMEL IM SONNEN-SYSTEM

Eine Wanderung um den Äquator von Pluto hätte eine Länge von 7.445 km – das ist in etwa die Entfernung von Anchorage, Alaska, nach Mexiko City.

Weltraum-MISSIONEN

Die Mannschaft der „Apollo 13" war am weitesten von der Erde entfernt: 400.171 km.

Fruchtfliegen waren die ersten Lebewesen, die man in den Weltraum geschickt hat, und zwar im Jahr 1947.

Astronauten berichten, dass das All nach verbranntem Steak, heißem Metall und Schweißrauch riecht. Lecker!

Das erste Lebewesen, das 1957 in die Umlaufbahn der Erde befördert wurde, war eine russische Hündin namens Laika.

Die Raumsonde „Voyager 1" hat 2013 das Sonnensystem verlassen und reist noch immer weiter.

Die Astronauten auf der Internationalen Raumstation (ISS) trinken ihren eigenen (aufbereiteten) Schweiß, Atem und Urin!

Astronauten werden im All größer, denn die Wirbelsäule dehnt sich aus, da sie nicht von der Schwerkraft der Erde nach unten gezogen wird.

Du könntest im All ohne einen Raumanzug keine 30 Sekunden überleben.

Waleri Poljakow hält den Rekord über den längsten Aufenthalt im All: 437 Tage und 18 Stunden.

Astronauten in der Umlaufbahn der Erde sehen alle 90 Minuten einen neuen Sonnenaufgang.

Unsere Galaxie hat ein schwarzes LOCH in der der Mitte

Ein schwarzes Loch ist ein Ort im All, an dem die Schwerkraft so stark ist, dass nicht einmal Licht austreten kann.

Blackout

Schwarze Löcher sind nicht leer. Sie enthalten eine große Menge an Materie, die auf engstem Raum zusammengepresst ist. Da auch kein Licht austreten kann, sind sie unsichtbar – aber sie können durch ihre Auswirkung auf die Materie in der Nähe entdeckt werden.

Schwarze Löcher gibt es in drei Größen:

MIKRO-LÖCHER

Sie sind so groß wie ein Atom, enthalten aber mehr Masse als ein Berg.

STELLARE LÖCHER

Sternengroße schwarze Löcher entstehen, wenn Sterne explodieren. Sie haben die zehnfache Masse der Sonne auf einem Raum in der Größe von New York City.

SUPERMASSIVE LÖCHER

Supermassereiche schwarze Löcher sind Riesen mit einer Masse von einer Million Sonnen. Unsere Galaxie hat eines in der Mitte.

Unsere GALAXIE ist auf Kollisionskurs

In 4 Milliarden Jahren wird die Milchstraße mit der Andromedagalaxie zusammenstoßen.

LIGHTSHOW

Die Galaxien werden nicht plötzlich zusammenstoßen, sondern sanft miteinander verschmelzen. Da die Entfernung zwischen den Sternen so groß ist, werden kaum welche miteinander zusammenstoßen. Die Astronomen der Zukunft werden jedoch eine Milliarden Jahre lange Lichterschau bewundern können.

Galaktischer Unfall

Unsere Galaxie, die Milchstraße, und die große Spiralgalaxie Andromeda sind derzeit etwa 2,5 Millionen Lichtjahre voneinander entfernt. Sie werden von ihrer enormen Schwerkraft angezogen und rasen mit einer Geschwindigkeit von mehr als 100.000 m/s aufeinander zu.

ANNÄHERUNGS-GESCHWINDIGKEIT:
402.000 km/h

In jeder Sekunde EXPLODIERT ein Stern im Universum

Massereiche Sterne explodieren am Ende ihrer Lebenszeit. Diese atemberaubenden Explosionen nennt man Supernovas.

Supernova

In den ersten 10 Sekunden einer Supernova produziert ein sterbender Stern mehr Energie, als unsere Sonne in ihren 10 Milliarden Lebenszeit aussenden wird. Für eine kurze Zeit brennt ein einzelner Stern mit mehr Energie als eine ganze Galaxie!

GLANZ UND GLORIA

Sterbende Sterne erlöschen in glanzvoller Pracht. Sie brennen wochenlang sehr hell, und es sieht so aus, als wäre ein neuer Stern am Nachthimmel erschienen. In einer Galaxie in der Größe unserer Milchstraße ereignet sich eine Supernova alle 50 Jahre.

Wird die Sonne explodieren?

Nein. Unser Stern hat für eine Supernova nicht genug Masse.

PULSARSTERNE wurden für Außerirdische gehalten

Pulsare sind Neutronensterne – die Reste einer gigantischen Supernova.

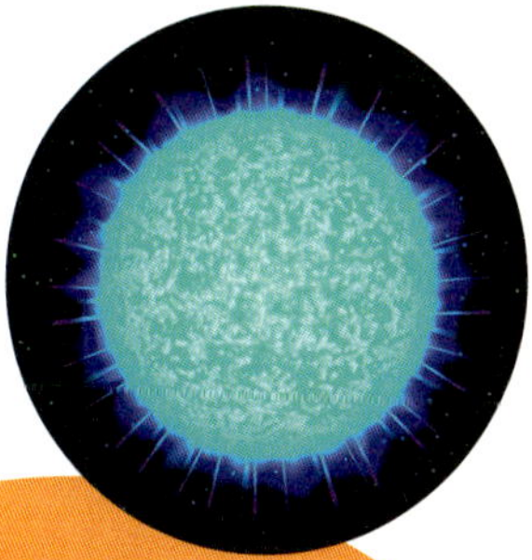

Pulsierende Pulsare

Wenn ein massereicher Stern in einer Supernova explodiert, fällt sein Kern in sich zusammen und ein neuer, superdichter Neutronenstern entsteht. Neutronensterne senden von jedem Pol einen Strahl von Radiowellen aus. Von der Erde aus gesehen geht dieser Strahl an und aus wie bei einem Leuchtturm, da der Stern sich dreht.

SIGNALE AUS DEM ALL

Jocelyn Bell hat den ersten Pulsar 1967 entdeckt. Wissenschaftler dachten, dass das Blinken des Pulsars ein Signal von Außerirdischen sein könnte.

Ein Teelöffel voll mit Neutronensternen würde 5,4 Milliarden Tonnen wiegen.

Das Weltall entstand durch den URKNALL

Wissenschaftler denken, dass alles mit einem Knall vor 13,8 Milliarden Jahren begann. Alle Materie im Universum explodierte aus einem winzigen Punkt.

Heiße Sache

Für die Idee, dass sich das Universum durch eine superheiße Explosion ausbreitete, sprechen drei Dinge:

✓ Die Mengen an Wasserstoff und Helium im Universum entsprechen genau dem, was die Urknalltheorie vorausgesagt hat.

✓ Alle Galaxien bewegen sich voneinander weg. Die äußersten Galaxien bewegen sich am schnellsten. Das passiert bei Explosionen.

✓ Hitze, die noch von einer enorm alten Explosion stammt, ist überall in der Luft zu finden.

Jeder **STERN** ist eine Zeitmaschine

Je weiter entfernt Dinge im All sind, desto älter sind sie.

Blick in die Vergangenheit

Es braucht eine Zeit, bis das Licht eines Sterns durch das All bis in dein Auge kommt. Wir sehen also nie einen Stern, wie er „gerade jetzt" ist, sondern nur, wie er vor langer Zeit einmal war.

VERZÖGERTES SONNENLICHT

Das Licht braucht 8 Minuten und 19 Sekunden, bis es von der Sonne zur Erde gelangt. Sollte es plötzlich wegbleiben, würden wir es also erst gut 8 Minuten später bemerken. Der nächste Stern zur Sonne, Proxima Centauri, ist 4,25 Lichtjahre entfernt. Das bedeutet, dass das Licht 4,25 Jahre braucht, bis es von Proxima Centauri zur Erde kommt.

Das UNIVERSUM wird immer größer

Eine der wichtigsten Entdeckungen ist die Erkenntnis, dass das Universum sich ausdehnt.

Intergalaktisch!

In den 1920er-Jahren erkannte der US-Astronom Edwin Hubble, dass es außer der Milchstraße noch mehr in unserem Universum gibt. Er entdeckte weitere Galaxien außerhalb der Milchstraße, die sich von uns wegbewegen.

GALAKTISCHE ERKENNTNIS

Je weiter die Galaxien weg sind, desto schneller bewegen sie sich. Das bedeutet, dass zu einem Zeitpunkt in der Geschichte alles im Universum zu einem Fleck zusammengequetscht war.

Mit unserem BILD vom Universum stimmt was nicht

Wir können weder sehen noch verstehen, was das meiste des Universums ausmacht.

Im Dunkeln

All die Galaxien, schwarzen Löcher, Sterne, Planeten, Monde und alles andere, das wir sehen können, macht gerade einmal 4 Prozent des Universums aus. Woraus das gemacht ist, nennen wir Materie. Es gibt aber noch eine andere Art von Materie, von der wir wenig wissen – dunkle Materie. Sie verhält sich so wie normale Materie, aber sie ist unsichtbar.

Unsere beste Vermutung:

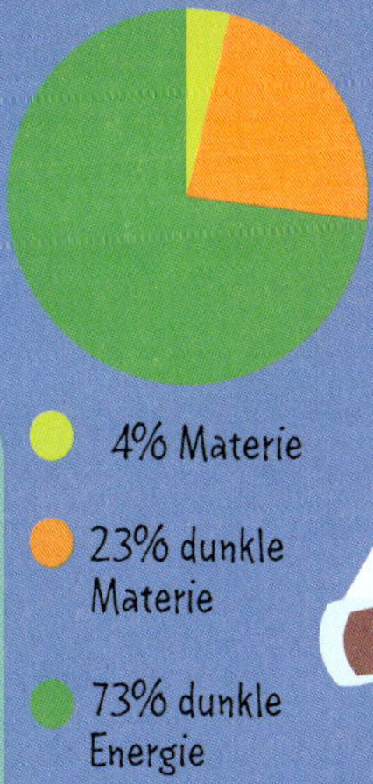

RÄTSELHAFTE KRÄFTE

Noch rätselhafter für Wissenschaftler ist dunkle Energie. Das ist eine Art „Gegen-Schwerkraft", die das Universum auseinandertreibt.

Die ERDE ist ein riesiger Magnet

Nimm einen Kompass und beobachte, wie sich die Nadel Richtung Nordpol dreht. Du entdeckst damit das unsichtbare, magnetische Feld der Erde.

Mega-Magnet

Der innere Kern der Erde besteht hauptsächlich aus festem Eisen, der von einem äußeren Kern aus flüssigem Eisen umgeben ist. Das geschmolzene Metall gibt elektrische Wellen ab und diese wiederum erzeugen ein riesiges Magnetfeld.

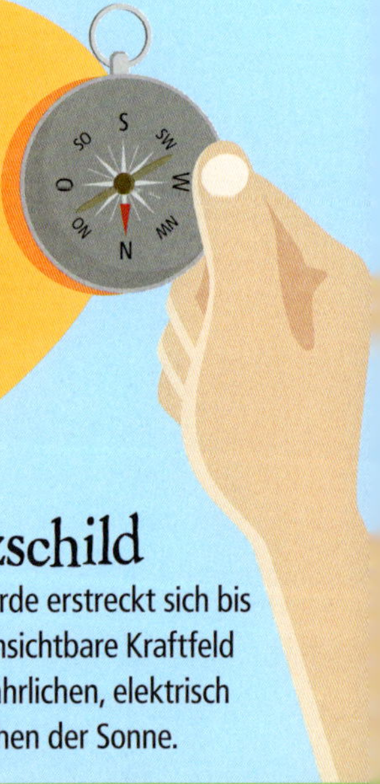

Schutzschild

Das Magnetfeld der Erde erstreckt sich bis ins Weltall. Dieses unsichtbare Kraftfeld schützt uns vor gefährlichen, elektrisch geladenen Teilchen der Sonne.

NORDPOL(E)

Der tatsächliche Nordpol (der nördlichste Punkt der Erde) und der magnetische Nordpol (wohin eine Kompassnadel zeigt) sind nicht an derselben Stelle. Der magnetische Pol wandert umher. Zurzeit sind die beiden Pole etwa 500 km voneinander entfernt.

Die Erde dreht sich am Äquator schneller als an den POLEN

Diese Tatsache bereitet Kopfzerbrechen. Warum schraubt sich unser Planet nicht selbst auseinander?

Strecken-Unterschiede

Da die Erde kugelförmig ist, ist sie um die Mitte herum am breitesten. Sie dreht sich am Tag einmal um ihre eigene Achse. Damit sie eine volle Umdrehung schafft, müssen Dinge am Äquator eine weitere Strecke zurücklegen als solche näher an den Polen. Da ein Tag überall auf der Erde gleich lang dauert, muss sich der Äquator schneller drehen, um mitzuhalten.

VERWIRRT?

Die Strecke rund um den Äquator beträgt etwa 40.000 km, und die Erde vollführt alle 24 Stunden eine komplette Drehung. Das bedeutet, dass sich am Äquator ein Ding mit 1.664 km/h dreht.

Im KERN DER ERDE ist das Gestein flüssig

Die Erde hat eine feste Schale aus hartem Gestein. Darunter sieht die Sache anders aus.

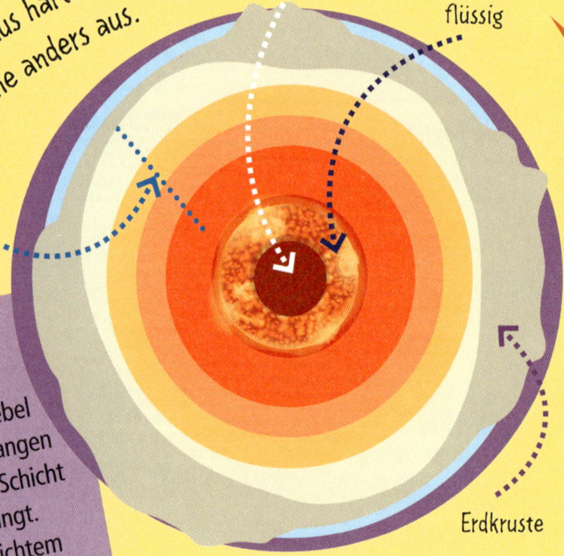

Im Erdinnern

Unser Planet ist wie eine Zwiebel in Schichten aufgebaut. Angefangen mit der Atmosphäre wird jede Schicht dichter, je tiefer man eindringt. Die Erdkruste besteht aus leichtem Gestein. Darunter befindet sich der Erdmantel, der 2.900 km dick ist und Siebenachtel des Volumens der Erde ausmacht.

HEISSE SACHE

Je tiefer du kommst, desto heißer wird es im Erdinneren, und das Gestein wird weich. Gestein im Erdmantel ist eine zähflüssige Masse, die sich leicht bewegt.

Das meiste **GOLD** der Erde befindet sich im Kern

In der Erdkruste kommt Gold extrem selten vor, anders als im Kern.

Mitgefangen

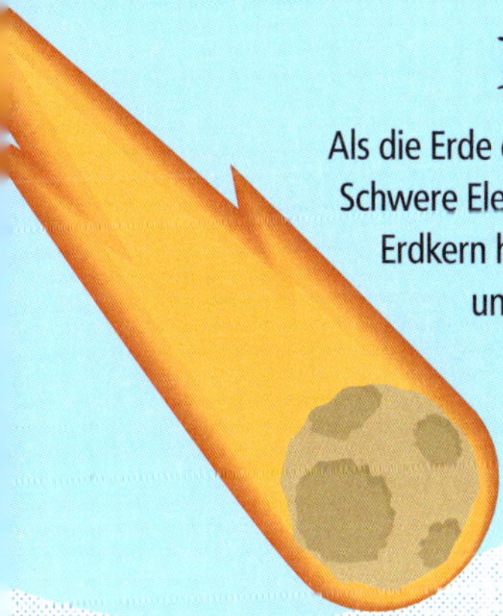

Als die Erde entstand, schmolz der gesamte Planet. Schwere Elemente wie Eisen und Nickel sanken in den Erdkern hinunter. Elemente wie Kobalt, Platin, Iridium und Gold, die gern eine Verbindung mit Eisen eingehen, verschwanden ebenfalls aus den äußeren Schichten.

GOLDTRANSPORT

Wissenschaftler glauben, dass ein Großteil des Goldes, das sich im Oberflächengestein befindet, von Kometen auf die Erde gebracht wurde.

Alles Gold, das jemals abgebaut wurde, würde in einen Würfel passen, der eine Grundfläche in der Größe von zwei Tennisplätzen hat.

VULKANE und Erdbeben

Die Erdkruste hat acht große und viele kleinere Platten, die wie ein Puzzle zusammenpassen.

Die Platten bewegen sich mit der gleichen Geschwindigkeit, wie deine Fingernägel wachsen. Durch diese Plattenbewegungen werden die meisten Erdbeben ausgelöst.

Jedes Jahr gibt es Millionen von Erdbeben, aber nur etwa 100 verursachen Schäden.

Tsunamis werden durch unterseeische Erdbeben ausgelöst. Die Wellen bewegen sich mit fast 1.000 km/h. Treffen sie auf Land, verwüsten Wellenberge von über 30 m alles um sich herum.

Über Dreiviertel aller Vulkane befinden sich am Rand des Pazifiks, dem „Feuerring".

Vulkane können sehr schnell entstehen. 1943 wurde der Parícutin in Mexiko innerhalb von einer Woche so groß wie ein fünfstöckiges Haus. Am Ende des Jahres war er 336 m hoch.

Derzeit gibt es etwa 1.500 aktive Vulkane, und fast jeder zehnte Mensch lebt in der Gefahrenzone eines solchen.

Das längste jemals aufgezeichnete Beben war das Erdbeben im Indischen Ozean von 2004, das 10 Minuten dauerte.

In der japanischen Mythologie verursacht ein Riesenwels namens Namazu die Erdbeben, wenn er mit seinem kräftigen Schwanz schlägt.

GRANIT ist das häufigste Gestein auf der Erde

An Land regiert der Granit, der die Wurzeln von allen Kontinenten bildet.

Grandioser Granit

Granit ist verwitterungsbeständig. Einige der ungewöhnlichsten Landschaften auf der Welt sind aus diesem harten Gestein geformt.

ÜBERALL GRANIT

Du kannst Granit überall sehen. Er wird für Skulpturen und Denkmäler verwendet, für die Fassade von Banken und Bürogebäuden und für modische Badezimmer.

Große Köpfe

Die riesigen Köpfe der US-Präsidenten bei Mount Rushmore sind aus festem Granit gemeißelt. Arbeiter bauten in 14 Jahren 400.000 Tonnen Gestein ab – meist durch Sprengstoff. Sie überdauern vielleicht 7 Millionen Jahre.

Die höchsten GIPFEL liegen in der „Todeszone"

Über 8.000 m gibt es kaum noch Sauerstoff zum Atmen.

Dünne Luft

Durch den geringeren Luftdruck auf dem „Dach der Welt" kann der Körper nicht genug Sauerstoff aufnehmen. Dies hat die Höhenkrankheit zur Folge mit Anzeichen wie Kopfschmerzen, Übelkeit und Konzentrationsproblemen. Da dies gefährlich ist, benutzten Bergsteiger oft Sauerstoffflaschen in diesen Höhen.

KEINE EXTRAS

Innerhalb der „Todeszone" tragen die meisten Bergsteiger Sauerstoffflaschen. Manche machen jedoch den Aufstieg ohne Sauerstoff. 1999 verbrachte Babu Chiri Sherpa 21 Stunden auf dem Gipfel des Mount Everest ohne extra Sauerstoff.

Der MOUNT EVEREST ist nicht der größte Berg

Glaub nicht alles, was du liest! Der Everest mag der höchste Berg über Meereshöhe sein, aber er ist nicht der größte …

Bergmessungen

Der Mount Everest hat eine Höhe von 9.000 m, gemessen vom Meeresspiegel bis zum Gipfel. Er steht aber auf der tibetischen Hochebene und misst vom Fuß bis zur Spitze 5.200 m.

Für den Kilimandscharo in Tansania braucht man einen längeren Aufstieg. Vom Fuß bis zum Gipfel hat er eine Höhe von 5.600 m.

Der Vulkan Mauna Kea auf Hawaii misst von seinem Fuß auf dem Meeresboden bis zu seiner Spitze 10.200 m.

In die tiefste Schlucht der Welt würden 20 EIFFELTÜRME passen

In der tibetischen Tsangpo-Schlucht hätten 20 Eiffeltürme übereinander bequem Platz.

Abgrundtief

An ihrer tiefsten Stellt misst die Tsangpo-Schlucht 6.009 m. Das ist dreimal tiefer als der Grand Canyon in den USA – oder 13,5 Empire State Buildings.

VIELE NAMEN!

Die Tsangpo-Schlucht heißt auch Yarlung-Zangbo-Canyon und Bralimaputra-Canyon.

Der „Everest der Flüsse“

Der Yarlung-Tsangpo ist der tibetische „Everest der Flüsse“, der nach 3.000 km schließlich den Golf von Bengalen erreicht. Zunächst durchfließt er die Tsangpo-Schlucht, die mit 504,6 km auch länger als der Grand Canyon ist.

Die Atmosphäre und der Klimawandel

Zweidrittel der Erdatmosphäre erstreckt sich bis in eine Höhe von 8 km.

Eine durchschnittliche Wolke wiegt so viel wie 80 Elefanten.

Die offizielle Grenze zum Weltraum liegt bei 100 km über der Erdoberfläche.

Das Wetter auf der Erde entsteht in der untersten und dichtesten Schicht der Atmosphäre.

Jetstreams sind starke Luftströme, die um den Globus mit Geschwindigkeiten von bis zu 321 km/h blasen.

Ozon ist ein blaues, stark riechendes Gas. Auf dem Boden ist es umweltschädlich, aber hoch im Himmel schützt es den Planeten vor schädlichen UV-Strahlen.

Du spürst es nicht, aber es lastet ein Luftdruck von einer Tonne auf dir.

Der dicke Gasgürtel um unseren Planten hält die Sonnenenergie gefangen. Das nennt man Treibhauseffekt.

Ohne den Treibhauseffekt durch Gase wie Kohlendioxid würde die Wärme auf der Erde in den Weltraum verpuffen.

Der Treibhauseffekt macht Leben auf der Erde möglich. Die Erderwärmung nimmt aber aufgrund der zusätzlichen Gase, die durch die Verbrennung von fossilen Brennstoffen entstehen, zu.

SONNENWINDE lassen den Himmel leuchten

Tanzende Lichter über den Polen enthüllen die magnetischen Geheimnisse der Erde.

Hell erleuchtet

Die nördlichen und südlichen Polarlichter hängen wie schimmernde Vorhänge im Himmel über den Polen. Sie entstehen, wenn schnelle Protonen und Elektronen auf die Gasmoleküle der oberen Atmosphäre treffen und sie zum Leuchten bringen.

RETTET DIE ERDE!

Die Sonne verströmt ständig geladene Teilchen ins All. Dieser „Sonnenwind" würde unsere Atmosphäre zerstören, gäbe es nicht das magnetische Feld der Erde. Das unsichtbare Kraftfeld schützt den Planeten, indem es die meisten dieser Teilchen wegstößt oder einfängt.

An den Polen gibt es keine ZEIT

Die Erde wird vom Nord- bis zum Südpol in gleiche Teile geteilt.

Zeitzonen

Die Längengrade beginnen beim Nullmeridian (0°) und laufen nach Ost und West, bis sie sich bei 180° treffen. Die Westeuropäische Zeitzone (WEZ) beginnt ebenfalls bei 0°. Zonen östlich davon sind immer vor der WEZ, westliche Zonen immer dahinter.

ZEITLOS

Wenn du nach Norden gehst, wirst du schließlich einen Ort erreichen, an dem alle Richtungen nach Süden zeigen – der Nordpol. Da sich dieser Ort überhaupt nicht bewegt, gibt es dort in der Theorie keine Zeit.*

* Tatsächlich gilt auch am Nordpol die WEZ.

Der SONNIGSTE ORT hat 4.000 Stunden Sonne im Jahr

Yuma in Arizona ist offiziell der sonnenreichste Ort der Welt.

So sonnig!

Mit über 4.015 Sonnenstunden von möglichen 4.500 Stunden Tageslicht insgesamt scheint in Yuma die Sonne nie weniger als 8 Stunden am Tag. Das sind 90 Prozent Sonnenschein-Wahrscheinlichkeit!

LAND DER MITTERNACHTSSONNE

Der Mai auf Ellesmere Island ist der sonnigste Monat weltweit. Dort liegt eine der nördlichsten Ansiedlungen der Erde, wo im Sommer die Sonne niemals untergeht. Dieser kanadische Außenposten hat durchschnittlich 16,5 Stunden Sonnenschein am Tag.

Der Blitz schlägt ZWEIMAL EIN

Wer sagt, dass der Blitz nicht zweimal an der gleichen Stelle einschlägt? Der Willis Tower in Chicago wird jährlich bis zu 100 Mal vom Blitz getroffen.

Stromschläge von oben

Ein Blitz ist elektrischer Strom aus dem Himmel. Die elektrostatische Ladung von Wolken führt zu einer elektrischen Ladung auf dem Boden, meist beim höchsten Objekt. Kommt es zu einer Verbindung, fließen elektrische Ströme zwischen Boden und Wolken.

Ein einziger Blitz besitzt genug Energie, um 100.000 Toastscheiben zu rösten.

PECHVOGEL ODER GLÜCKSPILZ?

Roy Sullivan, ein US-Ranger, wurde zwischen 1942 und 1977 sieben Mal vom Blitz getroffen. Er überlebte jeden einzelnen Blitzschlag.

DEATH VALLEY ist der heißeste Ort auf der Welt

Sich nach 10 Uhr im Freien aufzuhalten, ist in dieser Gegend keine gute Idee.

Gluthitze!

Death Valley in den USA hält den offiziellen Hitzerekord: Am 10. Juli 1913 wurden 57 °C gemessen.

REKORDHALTER

Nicht nur hohe Temperaturen sind das Einzigartige an dem größten Nationalpark der USA. Mit einer Tiefe von 86 m unter dem Meeresspiegel ist die Badwater-Senke auch der tiefste Punkt der USA.

Tiefbohrung

Die durstigen Pflanzen im Death Valley lassen ihre Wurzeln 30 m in den Boden wachsen, um alles Wasser aufzusaugen, das sie finden können.

Der kälteste Ort auf der Welt ist die ANTARKTIS

2013 maßen Satelliten der NASA hier Temperaturen von -94,7 °C.

Zu kalt zum Atmen

Kein Wunder, dass dieser eisige Kontinent der kälteste Ort auf der Erde ist. Wissenschaftler in der Antarktis benutzen Atemschläuche, die Luft durch ihre Mäntel nach oben leitet, damit sie vor dem Einatmen angewärmt ist.

EISIGE STATION

Vor der Messung durch die NASA war die tiefste aufgezeichnete Temperatur -89,2 °C. Sie wurde von der Wostok-Forschungsstation gemessen.

COOL!

Um sich die Langeweile zu vertreiben, fordern sich Antarktis-Forscher gegenseitig dazu heraus, nackt durch den Schnee bei -73 °C zu laufen!

Der **WINDIGSTE** Ort auf der Erde ist die Antarktis

Eisige Böen

1913 stoppte eine Antarktis-Expedition an der Commonwealth-Bucht. Im Juli wehen hier Winde mit 153 km/h. Es ist sehr schwierig, die Windgeschwindigkeit in der Antarktis zu messen, denn wenn er richtig bläst, kann die Ausrüstung zerstört werden!

HEFTIGER WIND

1996 hat eine unbemannte Wetterstation auf Barrow Island in Westaustralien den stärksten Windstoß aller Zeiten mit 408 km/h gemessen.

Die „Tornado Alley" in Oklahoma im Landesinneren der USA ist die Heimat der Wirbelstürme. Im April 2011 entstanden hier an einem Tag 207 Tornados.

Ein HURRIKAN hat dieselbe Energie wie 10.000 Atombomben

Diese tropischen Wirbelstürme, die sich über dem Ozean bilden, verwüsten alles, wenn sie auf Land treffen.

Zerstörerische Kraft

Hurrikans haben eine enorme Schlagkraft. Allein die Winde erzeugen 1,5 Terawatt. Es braucht auch viel Energie, um Meereswasser zu verdampfen und Wolken zu bilden. Insgesamt hat ein tropischer Wirbelsturm eine Leistung von 600 Terawatt – das ist die Energie von 10.000 Atombomben!

FREISETZUNG

Das Problem bei dem Vergleich von Hurrikans mit Bomben ist natürlich, dass Hurrikans ihre Energie über ein großes Gebiet hinweg freigeben, während Bomben sie auf einmal auf einer kleinen Stelle freisetzen.

In INDIEN liegt das feuchteste Dorf der Welt

Meghalaya in Indien ist offiziell der feuchteste Staat auf der Welt.

Monsun-Regen

Mawsynram, ein Dorf im Bundesstaat Meghalaya, saugt im Jahr durchschnittlich 11.872 mm Monsun-Regen auf.

BRÜCKEN

Du musst clever sein, um an einem so feuchten Ort leben zu können. Arbeiter tragen große, schalenartige Hüte aus Bambus- und Bananenblättern. Hölzerne Brücken würden verfaulen, daher verknotet man die Wurzeln von Gummibäumen, um die Ufer zu verbinden.

Nur 15 km von Mawsynram entfernt liegt Cherrapunji, der zweitfeuchteste Ort auf der Welt. Die Stadt hat durchschnittlich einen jährlichen Niederschlag von 11.777 mm.

Die größte WÜSTE auf der Welt hat keinen Sand

Die Antarktis – die Heimat von Pinguinen, Robben und Wissenschaftlern – ist eine öde Schneewüste.

Polar-Wüste

Glaub es oder nicht, aber die Antarktis ist die größte Wüste auf der Welt. Eingehüllt in Eis umfasst die Landmasse 14 Millionen km^2, ein Gebiet, das eineinhalbmal so groß wie die USA ist.

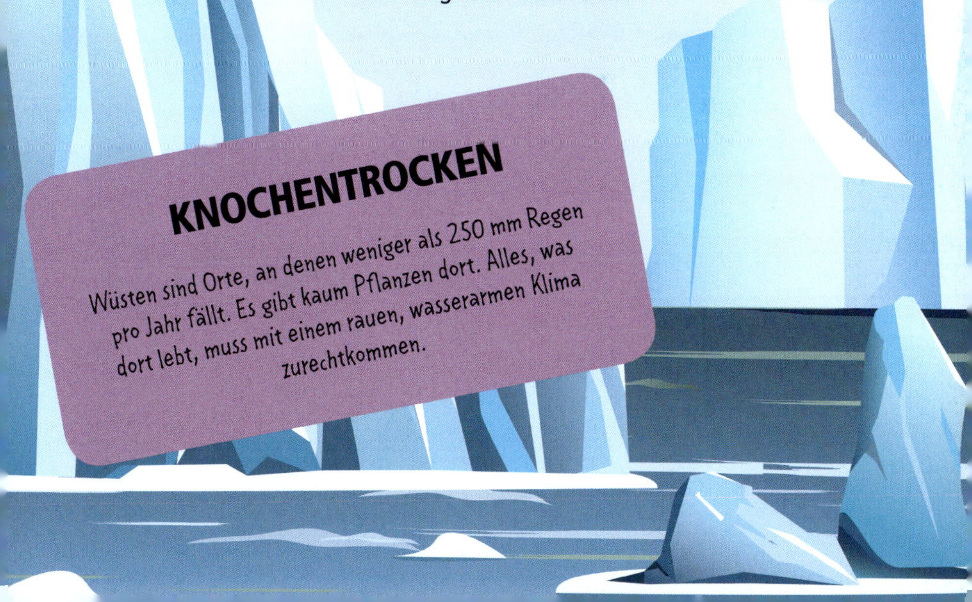

KNOCHENTROCKEN

Wüsten sind Orte, an denen weniger als 250 mm Regen pro Jahr fällt. Es gibt kaum Pflanzen dort. Alles, was dort lebt, muss mit einem rauen, wasserarmen Klima zurechtkommen.

71% der Erdoberfläche ist von WASSER bedeckt

Fast Dreiviertel unserer Erdoberfläche ist überflutet.

Wasserwelt

Unser Planet schwappt vor Wasser über. Das meiste davon (etwa 96,5 Prozent) ist Salzwasser in den Meeren. Wasser ist auch in der Luft in Form von Wasserdampf und Wolken, es fließt in Flüssen und Seen, es ist gespeichert in Eisdecken, Gletschern und Grundwasserschichten.

WASSERKREISLAUF

Wasser steht niemals still. Das Wasser auf unserem Planeten bewegt sich ständig vom Meer zum Himmel, fällt als Regen auf die Erde und füllt Flüsse und Grundwasserschichten.

Eine Plastiktüte braucht 450 Jahre, bis sie abgebaut ist

Dein Plastikmüll wird im Jahr 2500 noch immer herumliegen.

Plastikabbau

Plastikprodukte können nicht durch Mikrolebewesen abgebaut werden, sie zerfallen aber im Sonnenlicht. UV-Strahlen brechen die chemischen Verbindungen auf und das Plastik löst sich ganz langsam in immer kleinere Teile auf.

RIESIGE PLASTIKMÜLLHALDE

Plastik, der in den Pazifik entsorgt wird, wird von der Meeresströmung in die „Große Pazifische Müllhalde" getragen, die so groß wie Texas ist. Das Plastik wird in winzig kleine Stückchen abgebaut und wirbelt in großen Wolken im Meer herum und gibt dabei Giftstoffe frei, die eine Gefahr für die Meeresbewohner sind.

Ein MENSCH besitzt 100 Billionen Zellen

Dein Körper ist aus einer unvorstellbaren Menge an winzigen Bausteinen gemacht.

Die Membran umhüllt die Zelle.

Bausteine

Alle Lebewesen bestehen aus mikroskopisch kleinen, eigenständigen Zellen, die von einer Membran umhüllt sind, die wie die Mauer eines Hauses ist. Sie hält alle unerwünschten Dinge fern, während im Inneren eine wässrige Flüssigkeit alle Chemikalien enthält, die dein Körper braucht, um zu funktionieren.

WIE VIEL IST EINE BILLION?

Eine Billion ist eine Million mal eine Million oder eine 1 gefolgt von 12 Nullen. Wenn du ununterbrochen von eins bis zu einer Billion mit einer Geschwindigkeit von einer Zahl je Sekunde zählen würdest, bräuchtest du 32.000 Jahre!

Du bestehst hauptsächlich aus BAKTERIEN

Du trägst zehnmal so viele Bakterienzellen wie eigene Körperzellen mit dir herum.

Auf deiner Haut gibt es mehr Lebewesen als Menschen auf der Erde.

Fremdkörper

Die meisten Zellen in deinem Körper gehören nicht zu dir! Aber keine Sorge, die Bakterien halten dich gesund. Ohne diese fremden Keime würdest du vermutlich nicht lange leben. Die meisten befinden sich in deinem Darm und sind sehr nützlich. Sie helfen dir bei der Verdauung deiner Nahrung.

BAUCHGEFÜHL

All diese Kleinstlebewesen wiegen zusammen 1,4 kg.

Die DNA in deinem Körper reicht bis zum Pluto und zurück

Und nicht nur einmal, sondern mindestens 17 Mal!

Aber wie viel DNA ist das?

Von der Erde bis zum Pluto sind es 6 Milliarden km. Die NASA-Raumsonde New Horizons brauchte bei einer Geschwindigkeit von 83.000 km/h 10 Jahre, bis sie Pluto erreichte. Würde sie mit dieser Geschwindigkeit deine DNA entlangfliegen, bräuchte sie 323 Jahre bis zum Ende.

PLATZSPARER

Jede Zelle deines Körpers enthält sorgfältig aufgewickelte DNA in ihrem Kern. Würde man die DNA einer Zelle entrollen, hätte sie eine Länge von 2 m.

Du hast weniger GENE als eine Tomate

Niemand weiß, warum Menschen so wenig Gene brauchen und Tomaten so viele!

GEN-CODE

Gene sind DNA-Schnüre, die wie der Code eines Computerprogramms arbeiten. Sie geben deinem Körper Anweisungen, wie er funktionieren und wachsen soll. Die Anzahl der Gene eines Lebewesens ist von Art zu Art verschieden. Menschen haben etwa 20.000 Gene – das ist mehr, als ein Huhn und weniger als eine Traube hat, und etwa gleich viel wie ein Fadenwurm!

Gen-Anzahl

Huhn – 16.736 Gene
Traube – 30.434 Gene
Tomate – 31.760 Gene

MENSCHEN bestehen hauptsächlich aus Wasser

Dein Körper schwappt vor Flüssigkeit über.

Durstige Zellen

Du bist ein riesiger Wassereimer! Oder eher viele winzige Wassereimer, denn die meiste Flüssigkeit in deinem Körper befindet sich in den Zellen. Jede deiner 100 Billionen Zellen enthält zu Zweidrittel Wasser.

UND DAS RESTLICHE WASSER?

Ein durchschnittlicher Körper hat 14 l Wasser außerhalb der Zellen. Dazu gehört der flüssige Anteil des Blutes, die Flüssigkeit um das Gehirn und das Rückenmark sowie die Tränen-, Gelenk- und Lymphflüssigkeit.

Ein Baby besteht zu Dreiviertel aus Wasser.

Du bist STERNENSTAUB

Die chemischen Bausteine deines Körpers stammen von explodierten Sternen.

Das All ist in uns

Dein Körper ist von Dingen aufgebaut, die es auf der Erde gibt, aber das meiste davon stammte ursprünglich von Sternen. Materie besteht aus einfachen chemischen Stoffen, die man Elemente nennt. Fast jedes Element entstand im Kern eines Sterns.

KERN-VERSCHMELZUNG

Im Kern der Sterne werden Wasserstoffatome miteinander verschmolzen, damit sich schwerere Elemente bilden. Haben Sterne keinen Wasserstoff mehr, explodieren manche, wodurch neue chemische Elemente im All verbreitet werden.

Das EISEN in deinem Körper reicht für einen 7 cm langen Nagel

Die meisten Menschen haben etwa 4,5 Gramm Eisen in ihrem Körper.

Eisen im Blut

Die Hälfte des Eisens in deinem Körper befindet sich im Blut, wo es den Sauerstoff zu den Zellen transportiert. Der Rest verteilt sich auf Stellen wie Leber, Milz und Knochenmark.

KREIDESTÜCKE

Du enthältst auch etwa 1 kg Kalzium in deinen Knochen und Zähnen. Das reicht aus, um 18.000 Kreidestücke herzustellen.

Du hast genug KOHLENSTOFF für 4 Beutel Holzkohle in dir

Dein Körper und Holzkohle enthalten Kohlenstoff.

Grillzeit!

Schnapp dir die Grillzange und eine Schürze! Sauerstoff macht Zweidrittel deines Körpergewichts aus, ist aber hauptsächlich in Wasser gebunden. Die lebenswichtigen chemischen Stoffe und die Zellstrukturen beruhen auf Kohlenstoff. Du hast etwa 10 kg Kohlenstoff in dir – genug zum Grillen!

VEGETARISCHE VARIANTE

Du hast genug Kohlenstoff, um 9.000 Bleistiftminen davon herzustellen.

IM BLUT

Erwachsene besitzen 5 l Blut.

Rote Blutkörperchen machen das Blut rot.

Blut ist nie blau. Deine Venen sehen blau aus, weil nur das blaue Licht so tief unter die Haut eindringen kann, dass es von den Venen reflektiert wird.

Ein Viertel deiner Zellen im Körper sind rote Blutkörperchen.

Blut transportiert Sauerstoff und Nährstoffe zu den Körperzellen und leitet Abfallstoffe weg.

Ein rotes Blutkörperchen durchläuft deinen gesamten Körper in einer Minute.

Sauerstoffhaltiges Blut in den Arterien ist hellrot; Blut, das in den Venen keinen Sauerstoff transportiert, ist dunkler.

Der flüssige Teil in deinem Blut, Plasma genannt, ist gelb!

Ein Tropfen Blut enthält 250 Millionen sauerstoffhaltige rote Blutkörperchen.

Dein Körper produziert 2 Millionen neue Blutzellen in der Sekunde.

Flach ausgestreckt würden deine **LUNGEN** einen Tennisplatz bedecken

Deine Lungen versorgen dich mit Sauerstoff und geben die giftigen Gase, die im Körper entstehen, ab.

Starke Lungen

Deine Lungen bringen Gase in deinen Blutkreislauf und wieder heraus. Sie vergrößern die Austauschfläche zwischen deinem Blut und der Luft. In jeder Lunge sind 300 Millionen winzige Luftsäcke, Alveolen genannt, die von kleinen Blutäderchen überzogen sind.

Deine linke Lunge ist ein bisschen kleiner als die rechte, damit noch genug Platz für das Herz in der Brusthöhle ist.

Babys haben rund 70 KNOCHEN mehr als Erwachsene

Erwachsene haben 206 Knochen, Babys 270.
Wie kommt es dann, dass Babys so weich sind?

Eng!

Babys kommen durch einen engen Geburtskanal auf die Welt. Daher sind anfangs etliche Knochen gestückelt. Sie werden durch biegsame Knorpel miteinander verbunden, die sich später zu Knochen verhärten.

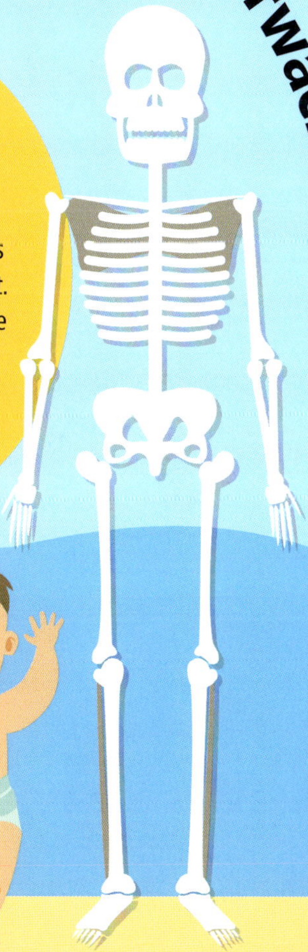

SCHRUMPFKÖPFE

Die Schädelknochen von Neugeborenen sind noch nicht zusammengewachsen, sondern haben Knorpel dazwischen. Dadurch kann der Schädel bei der Geburt ein wenig zusammengequetscht werden.

Der kleinste KNOCHEN hat die Größe einer Erbse

Hör zu! Die kleinsten Knochen sind in deinem Ohr.

Hört, hört!

Dein Ohr verfügt über einen durchdachten Mechanismus, um die Schallwellen in der Luft zu deinem Gehirn zu transportieren. Die Ohrmuschel lenkt die Geräusche zur Ohröffnung, wo der Schall auf die dünne Haut des Trommelfells trifft.

WINZLINGE

Hinter dem Trommelfell im Mittelohr übermitteln drei winzige Knochen den Schall an das Innenohr. Dort wird er in Nervenimpulse umgewandelt und an das Gehirn geschickt.

Aufgrund seiner Form heißt der winzige Gehörknochen Steigbügel. Er misst 3 x 2,5 mm.

KNOCHEN sind viermal stärker als Beton

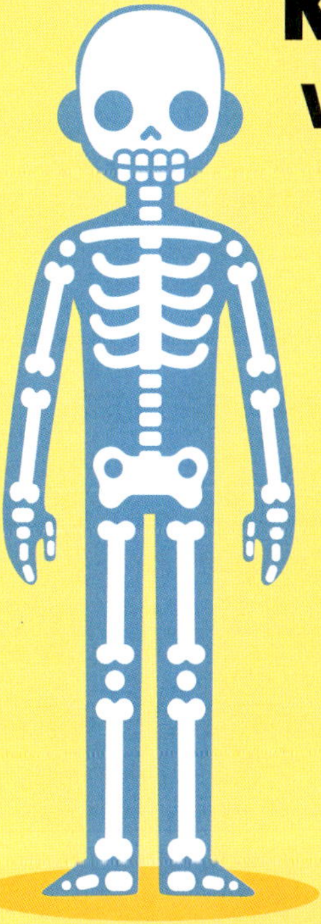

Deine Knochen bestehen aus einem der stärksten Materialien in der Natur.

Starke Sache

Ein Knochen von nur 16 cm³ Rauminhalt kann, ohne zu brechen, 7,25 Tonnen aushalten – das ist mehr, als fünf Kleinlaster wiegen.

BEINHART

Während der Pubertät hören die Knochen zu wachsen auf, aber ihre Stärke und Dichte verändert sich ein Leben lang.

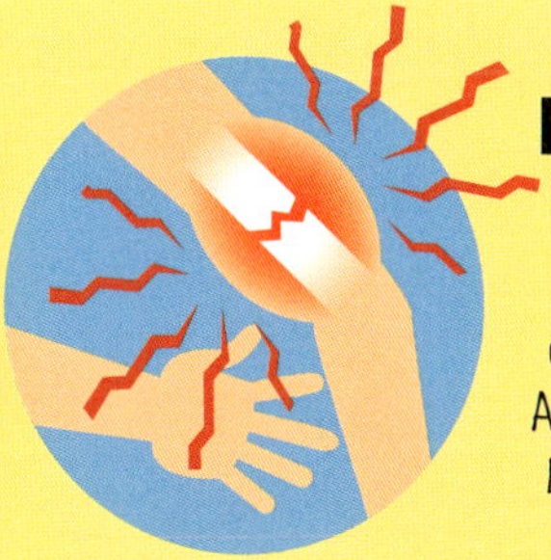

HALS- UND BEINBRUCH!

Gebrochene Knochen können wachsen und sich selbst heilen. Armknochen werden am häufigsten gebrochen.

Babys können mit ZÄHNEN geboren werden

Meist kommen Babys nur mit Zahnfleisch zur Welt, in seltenen Fällen aber auch mit einem Zähnchen.

UNVERGLEICHLICHES LÄCHELN

Normalerweise bekommen Babys ihren ersten Zahn erst mit sechs Monaten. Manche glücklichen Eltern bekommen einen Schock, wenn ihr Neugeborenes sie anlächelt … mit einem weißen Zahn! Nur eines von 2.000 Babys kommt mit einem Zahn zur Welt.

Rekord-Grinsen

Den Rekord für die meisten Zähne bei der Geburt hält der Brite Sean Keany. Er wurde mit 12 Zähnen geboren.

Zahnschmelz ist das härteste Material im Körper.

Du bekommst zwei ZAHNSETS

Deine Zähne, mit denen du dein Essen zerkleinerst, sind wichtig für deine Gesundheit.

1. Baby-Beißerchen

Babys bekommen im Alter von vier bis sieben Monaten Milchzähne. Mit drei Jahren haben die meisten Kinder alle 20 Milchzähne.

2. Große Beißer

Wenn du fünf oder sechs Jahre alt bist, fallen deine Milchzähne aus und machen Platz für deine 32 bleibenden Zähne. Das ist dein letztes Set, also pass gut auf sie auf!

3. ÄLTER UND WEISER?

Die vier letzten bleibenden Zähne, die sogenannten Weisheitszähne, kommen erst im Alter von 17 und 21 Jahren.

Der menschliche Körper hat 650 MUSKELN

Deine Muskeln sind die dichtesten und stärksten Teile deines Körpers.

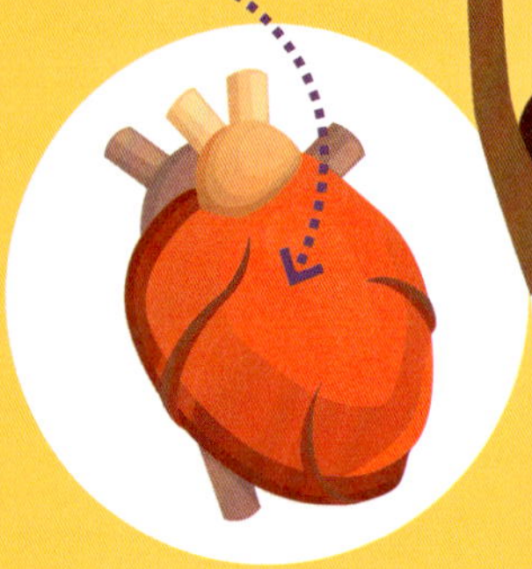

Partnerarbeit

Skelettmuskeln arbeiten paarweise, damit du dich bewegen kannst. Sie sind mit Sehnen an den Knochen befestigt. Wenn ein Muskel sich zusammenzieht, zieht er an einer Sehne, die wiederum den Knochen mit sich zieht.

AUF UND ZU

Die stärksten Muskeln deines Körpers sind die Kaumuskeln – sie öffnen und schließen dein Kiefer.

Gut trainiert

Dein Herz ist ein Muskel, der jeden Tag etwa 100.000 Mal schlägt.

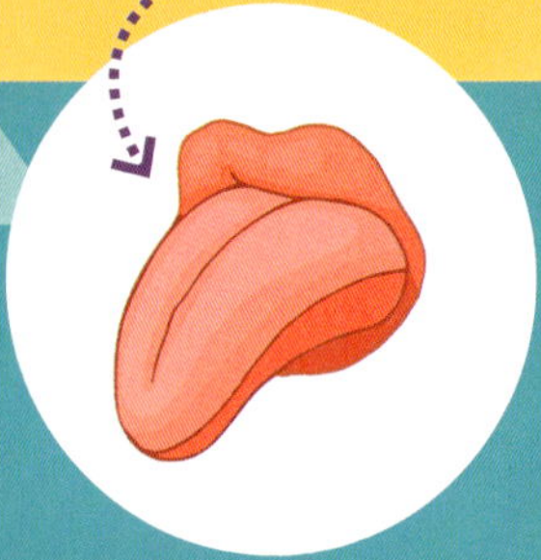

BEWEGLICHER FREUND

Die Zunge ist der einzige Muskel, der nur an einem Ende befestigt ist. Das Bündel von acht Muskeln ist beweglich wie ein Elefantenrüssel.

Manche Kinder können ihre Füße NACH HINTEN drehen

Bist du auch so beweglich?

Eine überdurchschnittliche Beweglichkeit heißt Hypermobilität.

Bitte zurücklehnen!

Es ist nicht ungewöhnlich, dass man ein oder zwei Gelenke mit einer übergroßen Beweglichkeit hat. Manche Menschen können ihre Gelenke sogar auskugeln und in komische Stellungen zurückschnallen lassen. Hypermobile Gelenke werden durch lose Gelenkbänder und Sehnen, die die Gelenke halten, verursacht.

BEWEGLICHE FÜSSE

Der britische Junge Maxwell Day ist ziemlich biegsam. Er kann seine Füße um 157 Grad drehen. Es fehlen nur 23 Grad für eine komplette Drehung nach hinten!

Noch mehr Sachen ZU VERDAUEN

Dein Verdauungssystem baut die Teile deiner Nahrung ab, die es braucht, und scheidet den Rest aus.

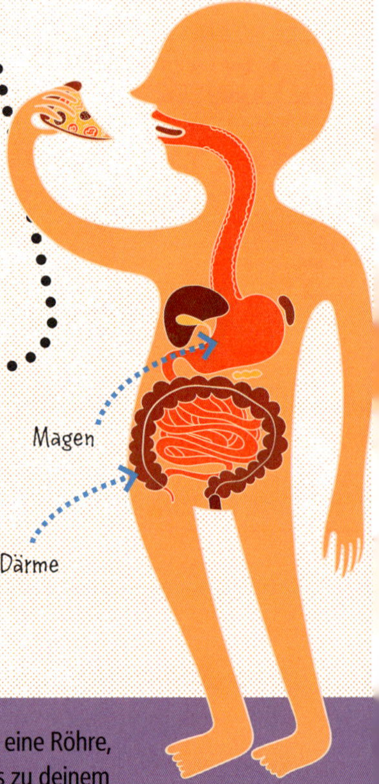

Der Abbau der Nahrung beginnt im Mund mit dem Kauen und Einspeicheln. Du produzierst mehr als 1 l Speichel am Tag.

Dein Verdauungstrakt ist eine Röhre, die von deinem Mund bis zu deinem Popo führt. Er ist 10 m lang – fast so lang wie ein Schulbus.

Dein Darm ist in den Dickdarm und den Dünndarm eingeteilt.

Der Dünndarm nimmt die meisten Nährstoffe aus der Nahrung auf, während der Dickdarm das Wasser entzieht, bevor der Rest ausgeschieden wird.

Chemische Stoffe, die die Leber, Bauspeicheldrüse und Galle erzeugen, wandeln die Nahrung in Nährstoffe um, die der Körper benötigt.

Deine Därme enthalten auch Bakterien. Sie geben Gase frei, die dich pupsen lassen.

Die Oberfläche deines Dünndarms ist zehnmal größer als die deiner Haut.

Eine Mahlzeit braucht normalerweise sechs bis acht Stunden, bis sie deinen Körper durchlaufen hat.

2009 machte Michele Forgione in Reggiolo, Italien, einen gewaltigen Rekord-Rülpser, der 1 Minute und 13 Sekunden dauerte!

BANDWÜRMER
können 25 Jahre in einem Menschen überleben.

Achtung, jetzt wird's eklig!

Der Feind in mir

Der menschliche Körper kann einige eklige Biester beherbergen. Angefangen bei Würmern, die in den Därmen leben und sich von deiner Nahrung ernähren, bis hin zu Milben, die auf deiner Haut grasen.

SCHMAROTZER

Ein Parasit ist ein Lebewesen, das auf oder in einem anderen Lebewesen lebt und seine Nahrung von ihm erhält, ohne von Nutzen für seinen Wirt zu sein.

Superwurm

Der längste Parasit ist der Bandwurm. Ärzte zogen 1991 aus dem Körper von Sally Mae Wallace einen Bandwurm, der 11 m lang war.

Ein Mann hatte 68 Jahre lang SCHLUCKAUF

Dies ist … hicks … die traurige Geschichte von Charles Osborne. Hicks!

Saublöd!

Der amerikanische Bauer Charles Osborne wog an einem Morgen im Jahr 1922 ein Schwein, als er den längsten Schluckauf aller Zeiten bekam.

UNGLAUBLICH!

Osborne hat 20–40 Mal in der Minute gehickst – sogar während er schlief!

Sonderbar!

Der Schluckauf von Osborne verschwand auf rätselhafte Weise ein Jahr, bevor er starb.

WAS IST EIN SCHLUCKAUF?

Ein Schluckauf entsteht, wenn das Zwerchfell sich plötzlich und nicht kontrollierbar zusammenzieht. Das lässt dich scharf einatmen und die Öffnung zwischen deinen Stimmbändern schließen, wobei ein schrilles „Hicks!" entsteht.

Du könntest mit deinem URIN einen Tanklastwagen füllen

Damit bekommst du einen goldenen Gutschein!

Goldene Pracht

Je nachdem, wie viel du trinkst, produzierst du etwa 1,5 l Urin am Tag. Das reicht, um sechseinhalb Badewannen im Jahr zu füllen.

MACH IHN VOLL!

Du erzeugst etwa 36.000 l Urin in deinem Leben. Das genügt nicht, um die meisten öffentlichen Schwimmbäder damit zu füllen. Es ist aber genug, um einen Tanklastwagen voll zu machen.

Wenn du Rote Bete isst, kann dein Urin rosa werden.

Alle **PUPSE** in einem Leben könnten mehr als 2.000 Fußbälle aufblasen

Du lässt etwa 14 Mal am Tag einen fahren.

Kerze aus!

Der Franzose Joseph Pujol konnte mit seinen gewaltigen Pupsen eine Kerze selbst in einigen Schritten Entfernung ausblasen.

Mädchen und Jungen erzeugen am Tag etwa 500 ml stinkendes Gas. In einem Jahr ergibt das 180 l – genug, um einen Hüpfball damit aufzublasen!

Dein größtes ORGAN ist nicht im Inneren deines Körpers

Du denkst, dass die Leber dein größtes Organ ist? Denkste!

Schlaffe Haut

Die Haut, die deinen ganzen Körper bedeckt, ist dein größtes Organ. Genauso wie sie deine Innereien hübsch verpackt hält, schützt sie dich vor Stößen und ansteckenden Bazillen. Die Haut sorgt im Wesentlichen auch dafür, dass es dir nicht zu heiß wird.

Die Haut eines Erwachsenen wiegt etwa 3,6 kg.

NEU GEGEN ALT

Die Zellen in der untersten Hautschicht teilen sich ständig und machen neue Kopien von sich. Wenn sich alte Hautzellen ablösen, kommen neue an die Oberfläche. Deine Haut erneuert sich jeden Monat.

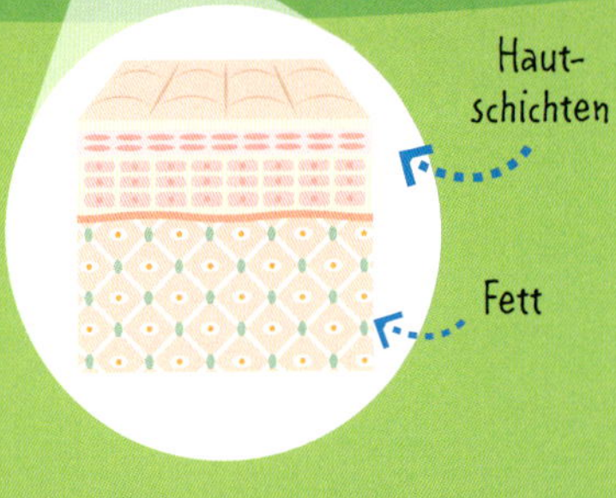

Manche Menschen können die LUFT 20 Minuten lang anhalten

Ohne besonderes Training können Menschen 90 Sekunden lang die Luft anhalten.

Tauchen! Tauchen!

Säugetiere haben einen Tauchreflex, der ausgelöst wird, wenn das Gesicht unter Wasser kommt. Der Herzschlag verlangsamt sich und das Blut fließt von den Gliedmaßen zum Kopf und Brustkorb.

TIEFSTER TAUCHGANG

2016 tauchte Alexei Moltschanow ohne Sauerstoffflasche (aber mit Flossen) bis in eine Tiefe von 129 m.

ATEM-BERAUBENDER REKORD

Der Freitaucher Aleix Segura Vendrell aus Spanien hält den Weltrekord im Luftanhalten. Am 28. Februar 2016 hielt er die Luft 24 Minuten und drei Sekunden lang an. Vor dem Versuch atmete er reinen Sauerstoff ein.

OHNE RASUR könnte ein Bart doppelt so lang wie der Mann selbst werden

Gibt es eine Höchstlänge für Bärte?

Laaaaanger Bart

Den Rekord für den längsten Bart einer lebenden Person hält Sarwan Singh aus Kanada. Vom Kinn bis zur Spitze misst sein Gesichtshaar 2,495 m.

NOCH LÄNGER

Der Bart von Singh ist nichts im Vergleich zu dem von Hans N. Langseth (1845–1927). Er war berühmt für seinen 5,33 m langen Bart, den er um einen Maiskolben gewickelt in einer Tasche trug!

Backenbart

Der Rekord für den längsten Bart einer Frau geht an Vivian Wheeler, deren Koteletten 25,5 cm lang sind.

Kleine Krabbeltiere LEBEN auf deinem Gesicht

Deine Wimpern und Augenbrauen beherbergen achtbeinige Milben.

Gestatten: Demodex!

Demodex sind Haarbalgmilben, die auf deinem Gesicht leben. Sie sind 0,3 mm lang und sehen wie kleine Finger mit kurzen Stummelbeinen aus. Diese Milben sind harmlos, vergraben sich kopfüber in Haarbälgen und fressen das Öl, das wir ausscheiden. In der Nacht kommen sie an die Oberfläche und treffen andere Milben.

ICH AUCH?

Ja, tut mir leid. Studien haben gezeigt, dass 100% aller Erwachsenen DNA von Milben auf ihrem Gesicht haben!

Dein **KISSEN** ist voll von Bakterien und Milben

Was befindet sich unter deinem sauberen und frischen Kissenbezug?

Stoff für Albträume!

Nach zwei Jahren, so schätzen Wissenschaftler, macht ein Drittel des Gewichts von deinem Kissen Bakterien, Staubmilben, deren Ausscheidungen und tote Hautzellen aus. Süße Träume!

SCHUPPIGE HAUT

Alte Hautzellen lösen sich ständig von der Oberfläche deiner Haut ab. In einer Minute fallen zwischen 30.000 – 40.000 Hautzellen ab. Das macht insgesamt 4 kg an toten Hautschuppen im Jahr – so viel wie ein Beutel Grillkohle.

Staubmilbe

Wenn du rot wirst, errötet auch dein MAGEN

Verlegenheit spürst du auch im Bauch.

Blutrausch

Wenn du verlegen bist, kann dein Gesicht rot werden. Diese Reaktion hängt mit der Antwort deines Gehirns auf eine stressige Situation zusammen. Auch wenn ein peinlicher Moment nicht gefährlich ist, reagiert dein Körper so, als ob er es wäre, und stößt einen chemischen Stoff namens Adrenalin aus. Adrenalin weitet die Blutgefäße, was zu mehr Sauerstoff in den Zellen führt, solltest du fliehen oder kämpfen müssen. Je mehr Blut durch die Haut fließt, desto röter wird sie.

ERRÖTENDER BAUCH

Die aufsteigende Hitze in deinem Gesicht spürst du auch in deinem Bauch. Dein Magen ist ebenfalls von Blutgefäßen umgeben und so hat das Adrenalin dort die gleiche Auswirkung.

Kluges GEHIRN

Dein Gehirn wiegt nur ein Fünfzigstel deines Körpers, aber es verbraucht ein Fünftel deiner Energie.

Ein durchschnittliches Gehirn wiegt 1,4 kg oder so viel wie ein Hase!

Dein Gehirn hat in etwa die Beschaffenheit wie weicher Tofu.

Obwohl die äußere Schicht deines Gehirns nur 2 mm dick ist, würde sie ausgebreitet so groß wie ein Kissenbezug sein.

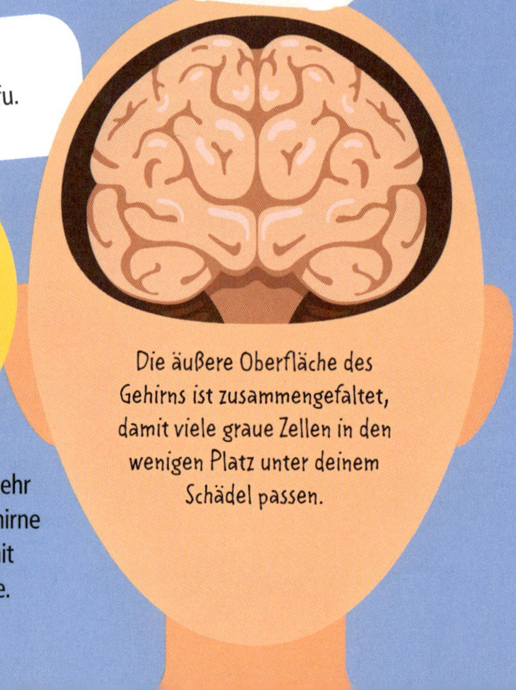

Die äußere Oberfläche des Gehirns ist zusammengefaltet, damit viele graue Zellen in den wenigen Platz unter deinem Schädel passen.

Das menschliche Gehirn ist mehr als dreimal so groß als die Gehirne von anderen Säugetieren mit vergleichbarer Körpergröße.

Dein Gehirn schwirrt vor Elektrizität und produziert genug Strom für eine 12-Watt-Birne.

Das Gehirn besitzt keine Nervenenden. Das bedeutet, dass es nichts spürt, wenn es Schmerzen hat – besondere Schmerzsinneszellen müssen es ihm sagen.

Dein Gehirn verfügt über 200 Billionen Verknüpfungen. Das ist das Tausendfache der Anzahl an Sternen in der Milchstraße.

Jeder Mensch auf der Welt besitzt eine einzigartige Zusammensetzung an Verknüpfungen im Gehirn.

Würdest du die Milliarden an dünnen Nervenfasern in deinem Gehirn ausrollen, dann könntest du sie viermal um die Erde wickeln.

Die Nervenbahnen in deinem KÖRPER sind fast 75 km lang

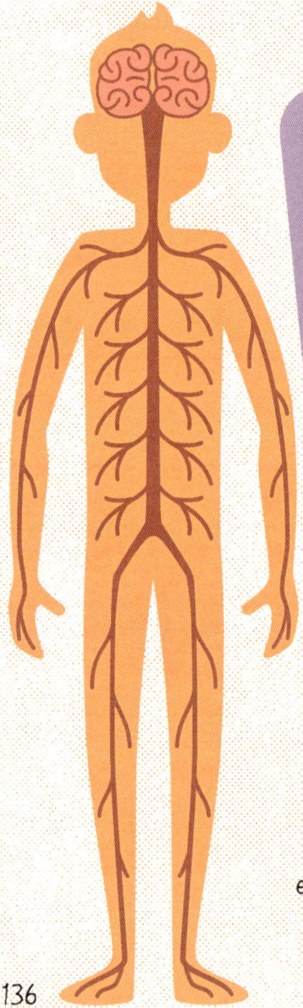

Nervöses Netzwerk

Deine Nerven summen und brummen von den elektrischen und chemischen Signalen, während sie Nachrichten durch deinen Körper schicken. Sie informieren dein Gehirn über die Außenwelt und über deinen inneren Zustand. Sie kontrollieren auch deine Muskeln und führen wichtige Prozesse in deinem Körper durch.

Das Gehirn besitzt über 100 Milliarden mikroskopisch kleiner Nervenzellen.

FEINFÜHLIGE HAUT

Die empfindsamsten Stellen deines Körpers befinden sich dort, wo Nervenenden zusammentreffen. Ein daumengroßes Stück Haut enthält etwa 50 Nervenenden.

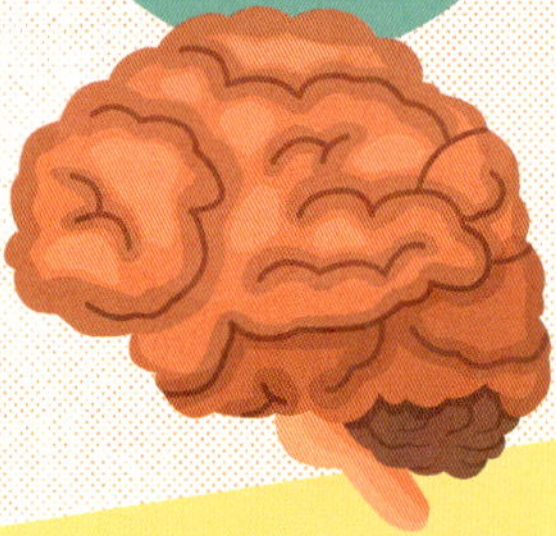

NERVENSIGNALE sind schneller als ein Rennauto

Dein Körper versteht es wirklich, wie man eine Nachricht schnell übermittelt!

Rekord-Geschwindigkeit

Nerven arbeiten mit unterschiedlicher Geschwindigkeit. Deine schnellste Nervenfaser übermittelt Nachrichten mit etwa 400 km/h – das ist schneller als ein Formel-1-Rennwagen.

FÜR DIE GESCHWINDIGKEIT GEMACHT

Reflexe sind die schnellsten Nervenfasern. Sie sind mit einem Fett namens Myelin umhüllt und können Signale 20 Mal schneller übermitteln als andere Nerven. Sie übertragen Druck- und Schmerzsignale, sodass du unwillkürlich vor Schmerz zusammenzuckst.

Voll in Gang

Wenn du vier Jahre alt bist, laufen deine Nerven auf Hochtouren. Die Nerven von Neugeborenen und Kleinkindern arbeiten nur etwa halb so schnell.

Eine Frau nieste 976 TAGE LANG

Niesen befördert Dinge aus der Nase hinaus.

Bei jedem fünften Menschen verursacht helles Licht ein unkontrollierbares Niesen.

Warum niest du?

Niesen befreit deine Atemwege. Wenn etwas in deine Nasenlöcher kommt, schüttet dein Körper chemische Stoffe namens Histamine aus. Diese verursachen das Kribbeln in deiner Nase, das erst aufhört, wenn du kräftig geniest hast!

HATSCHI! HATSCHI!

Meistens niest man zwei- oder dreimal, falls ein Niesen nicht ausreicht, die Ursache des Reizes zu beseitigen. Bei Allergien niest man oft mehrfach.

Bei einem **HUSTER** kommen 3.000 Tröpfchen aus deinem Mund

Spür die ganze Kraft eines Husters!

Ein durchschnittlicher Huster würde eine 1,5-l-Flasche mit Luft füllen.

Halt die Hand vor den Mund!

Der Luftstrom, der aus der Lunge schießt, ist länger als 1 m. Er enthält tausende Tröpfchen Spucke, sodass es kein Wunder ist, dass Husten Keime verbreitet.

EIN TYPISCHER HUSTER:

- ✓ Luft wird tief eingeatmet.
- ✓ Die Luft wird in den Lungen zusammengedrückt.
- ✓ Durch die Brustmuskulatur wird die Luft in weniger als einer Sekunde explosionsartig ausgestoßen.

Deine ZUNGE hat 10.000 Geschmacksnerven

Die meisten Geschmacksnerven sind auf der Zungenspitze.

Geschmacks-Sensation

Kleine, für das menschliche Auge nicht sichtbare Geschmacksnerven befinden sich auf deiner Zunge. Jeder Nerv hat 50 bis 150 Geschmackssinneszellen, die Geschmacksnervensignale zu deinem Gehirn senden.

Du kannst fünf Grundgeschmacksrichtungen wahrnehmen – bitter, süß, salzig, sauer und umami.

Du besitzt auch Geschmacksknospen am Gaumen, in deinem Rachen, in der Speiseröhre und sogar in deinem Darm.

LANGE ZUNGE

Der Kalifornier Nick Stoeberl hat mit einer Länge von 10,1 cm die längste Zunge der Welt.

In deinem Mund sind MEHR Bazillen als Menschen auf der Erde

Kleinstlebewesen lieben deinen Mund!

Home sweet home

Dein Mund ist für Bakterien himmlisch. Es gibt dort zuckerhaltige Nahrung und Wasser im Überfluss und es hat immer 36,5 °C.

Ein Mensch hat 200 bis 300 verschiedene Arten von Kleinstlebewesen in seinem oder ihrem Mund. Insgesamt haben Wissenschaftler mehr als 615 verschiedene Arten von Bakterien im menschlichen Mund entdeckt.

PUTZ DIR DIE ZÄHNE!

Ein Tropfen Spucke enthält mehr als 100 Millionen Bakterien. Je nachdem, wie oft jemand seine Zähne putzt, können zwischen 100.000 und 1 Milliarde Bakterien auf jedem Zahn leben.

Deine Augen sehen die Dinge VERKEHRT HERUM

Die Linse in deinem Auge dreht das Bild, das du siehst, um.

Auf den Kopf gestellt

Wenn Licht durch die gebogene Linse vorn in dein Auge fällt, dreht die Linse das Bild um. Es schärft das umgedrehte Bild auf den lichtempfindlichen Sinneszellen hinten in deinem Auge (der Netzhaut).

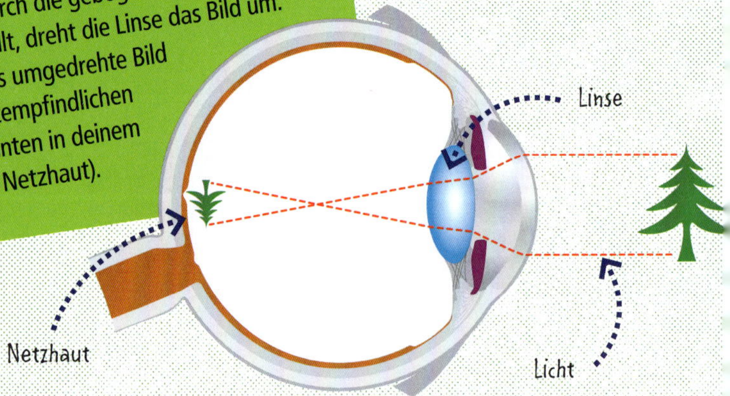

WARUM SEHEN WIR DIE WELT NICHT VERKEHRT HERUM?

Unser Gehirn ist clever genug, um das Bild wieder umzukehren. Der Psychologe George Stratton bewies dies in den 1890er-Jahren. Er trug eine Brille mit Gläsern, die das Gesehene umdrehten. In den ersten vier Tagen sah er die Welt verkehrt herum, doch schon am fünften Tag sah er sie wieder richtig.

Jeder Mensch hat einen BLINDEN FLECK

In deinem Gesichtsfeld fehlt ein Punkt.

Finde deinen blinden Fleck

1 Falte ein Stück Papier in der Mitte.

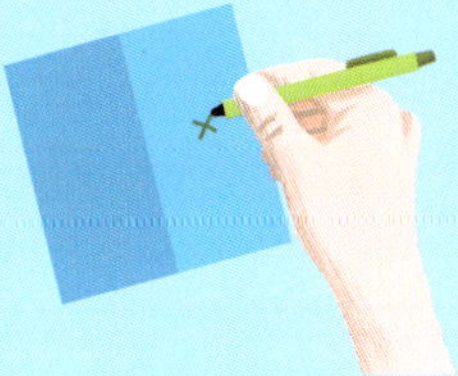

2 Zeichne ein „X" auf die rechte Seite, 6 cm vom Falz entfernt.

3 Zeichne einen kleinen Punkt auf die linke Seite, 6 cm vom Falz entfernt.

4 Halte dir das Papier vor die Augen und schließe das rechte …

5 Schau auf den Punkt und bewege das Papier langsam von dir weg. Das „X" verschwindet!

Blinder Fleck

Die lichtempfindlichen Zellen auf der Netzhaut senden über den Sehnerv Signale an das Gehirn. An der Stelle, wo der Sehnerv mit dem Auge verbunden ist, befinden sich keine Sinneszellen, sodass das Gehirn die Lücke durch die Wahrnehmung der Umgebung schließt.

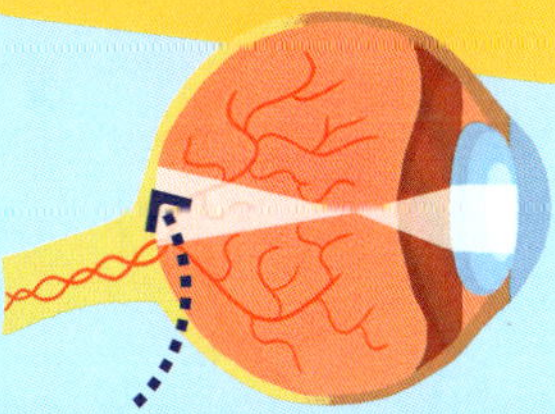

Deine OHREN reinigen sich von selbst

Du solltest sie auf keine andere Weise reinigen.

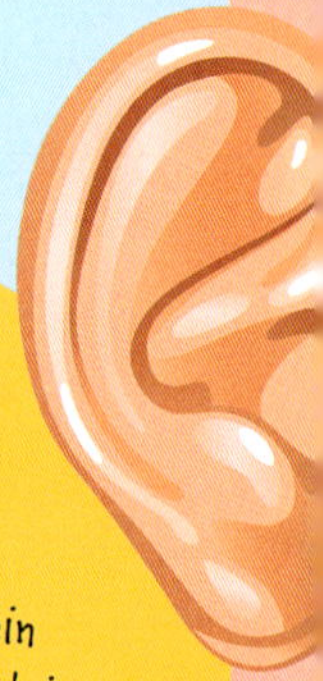

GOLDENES SCHMALZ

Deine Ohren produzieren ein gelbes Schmalz, das die Haut in deinem Gehörgang vor dem Austrocknen bewahrt, Ansteckungen abwehrt und dein Trommelfell schützt. Und es nimmt Schmutz und Staub sowie Dinge, die in dein Ohr kommen, auf.

Selbstreinigung

Du musst dein Ohrenschmalz nicht loswerden. Jede Bewegung deines Kiefers befördert altes Ohrenschmalz an die Ohröffnung. Schließlich fällt es von selbst heraus oder es wird weggewaschen.

Die behaartesten Ohren der Welt gehören zu Radhakant Bajpai in Indien. Seine Haarbüschel messen 13,2 cm.

Die OHREN helfen deinem Gleichgewicht

Ohren können mehr als nur hören!

Labyrinth im Ohr

Tief in deinem Innenohr hilft dir ein schneckenförmiges Organ, die Hörschnecke, das Gleichgewicht zu halten. Die Windungen der Hörschnecke sind mit Flüssigkeit gefüllt ebenso wie die drei darüber liegenden Bogengänge. Bewegt sich die Flüssigkeit, sendet sie damit Signale an das Gehirn, dass du dich bewegst.

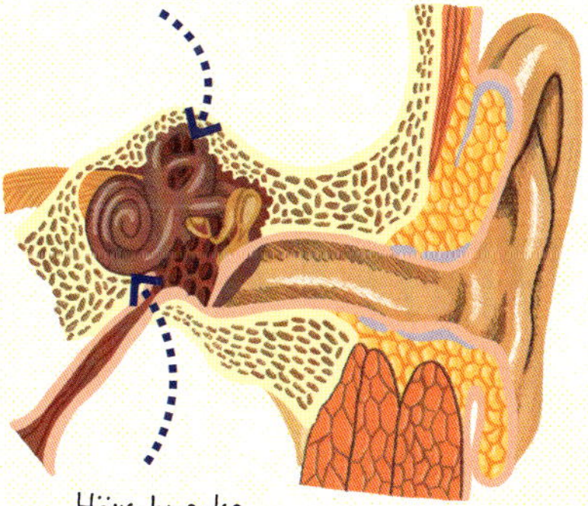

STARKE OHREN

Manjit Singh besitzt die stärksten Ohren auf der Welt. Er zog mit ihnen ein 6,8 Tonnen schweres Passagierflugzeit 4 m weit.

LINKSHÄNDER sind erfolgreicher beim Sport

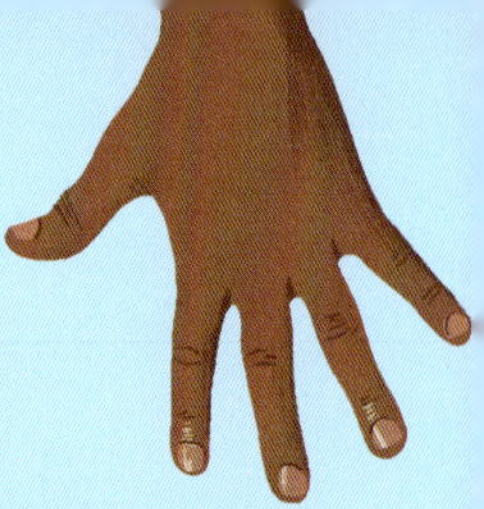

Denn die meisten Menschen sind Rechtshänder.

Mit links

Die Händigkeit – die bevorzugte Verwendung einer Hand – ist für jeden Menschen kennzeichnend. Fast 90 Prozent aller Menschen sind Rechtshänder und nur 10 Prozent Linkshänder. Das bedeutet im Sport, dass Linkshänder viel Übung mit rechtshändigen Gegenspielern haben, aber Rechtshänder weniger oft auf linkshändige Gegner treffen. Das verschafft den Linkshändern einen Vorteil und erklärt vielleicht die vielen sportlichen Erfolge.

WUSSTEST DU, …

dass das Wort „sinister" von dem lateinischen Wort für links kommt?

Rennläufer haben längere ZEHEN als die meisten Menschen

Athleten können sich durch lange Zehen mit großer Kraft abstoßen.

Spitzen-Zeit

Wenn ein Top-Kurzstreckenläufer mit Spitzengeschwindigkeit läuft, kommen seine Füße nur für 0,1 Sekunden auf dem Boden auf. In dieser kurzen Zeit muss er sich also so kräftig wie möglich abstoßen.

Im 100-m-Finale bei den Olympischen Spielen 2008 lief Usain Bolt mit einem offenen Schnürsenkel … und stellte dennoch einen neuen Weltrekord auf!

GROSSE SCHRITTE

Usain Bolt ist der schnellste Mensch auf der Erde. Bei Höchstgeschwindigkeit macht er einen Schritt von 2,5 m Länge. Für 100 m braucht er nur 41 Schritte.

Vom Baby- bis ins GREISENALTER

In jeder Sekunde werden vier Babys irgendwo auf der Welt geboren.

Als deine Mutter geboren wurde, trug sie schon die Eizelle in sich, aus der du entstanden bist.

Ein durchschnittliches Baby verdreifacht sein Gewicht bis zu seinem ersten Geburtstag.

Würdest du mit derselben Geschwindigkeit wie in deinem ersten Lebensjahr weiterwachsen, wärst du mit 20 Jahren 7,5 m groß und 140 kg schwer.

Mit etwa 6 Jahren ist dein Gehirn voll ausgewachsen.

Jungen und Mädchen werden in der Pubertät behaarter.

Babys können erst mit 8 Monaten Tränen vergießen.

Die Gehirne von Babys haben mehr Verknüpfungen als die von Erwachsenen.

Wenn du erwachsen wirst, produziert deine Haut mehr Öl, sodass du Pickel bekommst.

Durch die Abnutzung der Knorpel in den Beingelenken und zwischen den Wirbelsäulenknochen kannst du im Alter von 70 Jahren 5 cm geschrumpft sein.

Jedes fünfte KIND schlafwandelt

Niemand weiß, was Schlafwandeln verursacht.

Nachtwanderung

Beim Schlafwandeln setzt man sich auf oder geht umher, während man fest schläft. Schlafwandler gehen nicht wie Zombies mit ausgestreckten Armen umher! Sie haben aber oft einen leeren Blick, als ob sie nicht ganz bei sich wären.

WECKEN ODER NICHT?

Obwohl sich Schlafwandler selbst in Gefahr bringen können, wecken viele Menschen sie nicht auf. Kein Sorge – er oder sie wird keinen Herzanfall bekommen. Am besten führt man Schlafwandler sacht zu ihrem Bett zurück. Sie werden sich am nächsten Morgen an nichts erinnern!

Du hast 2.000 Träume im Jahr

Vielleicht steckt hinter dieser rätselhaften Erfahrung nicht mehr als willkürlich arbeitende Gehirnzellen, während du schläfst.

Ein Drittel unseres Lebens verbringen wir mit Schlafen. Bei einer durchschnittlichen Lebensdauer summiert sich das auf 25 Jahre Schlaf.

Traumzeit

In einer einzigen Nacht kannst du fünf oder sechs Träume haben, die du beim Aufwachen wieder vergessen hast. Niemand weiß, was Träume verursacht oder warum wir sie haben.

LAND DER TRÄUME

Neue Umgebungen lassen uns öfters aufwachen und wir erinnern uns dadurch leichter an Träume. Deshalb denken wir, dass wir mehr träumen, wenn wir reisen.

CHEMISCHE STOFFE bestimmen, wie wir uns fühlen

Gefühle, Gefühle

Wenn du dich glücklich oder traurig, wütend oder weinerlich fühlst, erlebst du Gefühle. Das sind kurze, seelische Regungen, die dir helfen, Situationen zu meistern. Wut oder Angst lassen dein Herz rasen, schicken Blut zu den wichtigsten Organen und machen dich bereit, zu kämpfen oder zu fliehen. Botenstoffe, sogenannte Hormone, werden in dein Blut ausgeschüttet, um die Antwort deines Körpers auf diese komplizierten Gefühle zu steuern.

Es gibt sechs Grundgefühle, die alle Menschen haben. Menschen erkennen überall auf der Welt den Ausdruck von Wut, Abscheu, Angst, Glücklichsein, Traurigkeit und Überraschung.

Niemand weiß, warum wir LACHEN

Du lachst meist, wenn dich etwas überrascht, aber Wissenschaftler wissen nicht genau, warum das so ist!

Kinder lachen dreimal mehr als Erwachsene.

Wie amüsant!

Nicht nur Menschen lachen. Auch Schimpansen kichern gern und Ratten piepsen vor Freude, wenn man sie kitzelt!

ZUM BRÜLLEN KOMISCH!

Kitzeln, lustige Witze oder mit Freunden reden bewirkt etwas Seltsames bei Menschen. Es kann Zuckungen des Zwerchfells verursachen, die uns nach Luft schnappen, kichern oder laut lachen lassen!

Alles ist aus ATOMEN aufgebaut

Atome sind die Grundbausteine von allem um dich herum.

Kleine Giganten

Ein Atom ist ein winzig kleines Materieteilchen, das nur mit einem starken Elektronenmikroskop sichtbar gemacht werden kann. Diese kleinen Teilchen, die sich ständig bewegen, verbinden sich in einer unvorstellbaren Zahl und bauen alles in unserer Welt auf.

GROSSE IDEE

Der griechische Philosoph Demokrit brachte die Idee von Atomen auf. Sie wurden aber erst im 20. Jahrhundert entdeckt.

Ein menschlicher Körper besteht schätzungsweise aus 7×10^{27} Atomen – das ist eine 7 mit 27 Nullen dahinter.

Atome bestehen fast nur **AUS LUFT**

99,9 % der Masse eines Atoms steckt in seinem Kern.

Mini-Sonnensystem

Atome bestehen aus drei verschiedenen Arten von kleinen Teilchen – positiv geladene **Protonen**, neutrale **Neutronen** und negativ geladene **Elektronen**. Die Protonen und Neutronen sind fest miteinander im Kern verbunden. Die Elektronen, die durch den positiven Kern stark angezogen werden, umkreisen ihn. Auch wenn dieses Bild nicht zu 100% stimmt, kann man sich dadurch ein Atom gut vorstellen.

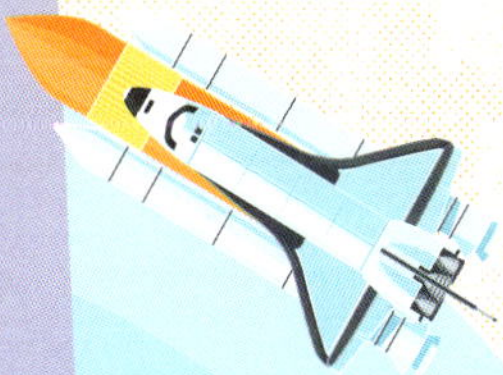

Die Zahl der Protonen entscheidet darüber, welche Art von Atom, oder Element, es ist.

Die Anzahl der Protonen und Elektronen ist meist ausgeglichen, sodass ein Atom insgesamt keine Ladung hat.

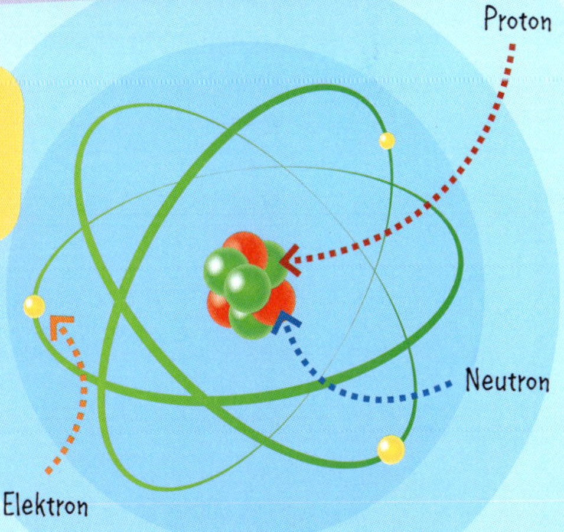

In der CHEMIE dreht sich alles um Elektronen

Neue Stoffe entstehen, wenn sich Atome verbinden.

Gebunden oder frei?

Die im Atomkern eingeschlossenen Protonen und Neutronen sind eng miteinander verbunden und können nur mit einer gewaltigen Energie, wie einer Kernreaktion, voneinander gelöst werden. Elektronen sind lockerer mit einem Atom verbunden und können von einem Atom zum anderen hüpfen, abgestoßen werden oder frei sein. Atome verbinden sich miteinander, indem sie Elektronen austauschen oder sie teilen. Diese Verknüpfungen nennt man Moleküle.

Atomkraftwerk

WITZIG

Atom 1:
„Bist du sicher, dass du ein Elektron verloren hast?"

Atom 2:
„Ja, positiv!"

200 Milliarden Atome in deinem Körper gehörten SHAKESPEARE

Sein oder nicht sein?

Atome sterben im Unterschied zu Menschen nicht. Die Natur bereitet jedes Atom in deinem Körper wieder auf. Und das sind viele, wenn du die Atome im Körper eines Menschen zählst und die, die hinein- und wieder herauskommen. Auch wenn man etliche Atome von Shakespeare in sich trägt, heißt das nicht, dass man auch sein Genie besitzt!

ATOMGESCHICHTE

Du hast nicht nur Atome von Shakespeare in dir, sondern du hast auch Milliarden von Evita, Elvis, Emily Pankhurst, Einstein, Kleopatra und Caligula.

Chemische ELEMENTE

Es gibt 118 Arten von Atomen, Elemente genannt.

Die Sonne verbrennt jeden Tag 620 Millionen Tonnen an Wasserstoff.

Die Elemente Wasserstoff und Helium machen 98 Prozent der Materie im All aus.

Astat ist das seltenste Element in der Natur – zu jeder Zeit gibt es davon nur 30 g in der Erdkruste.

Die Schwermetalle Osmium und Iridium sind doppelt so schwer wie Eisen!

Die reaktionsfreudigsten Elemente sind Fluor und Francium.

Californium ist mit 27 Millionen US-Dollar je Gramm das teuerste Element.

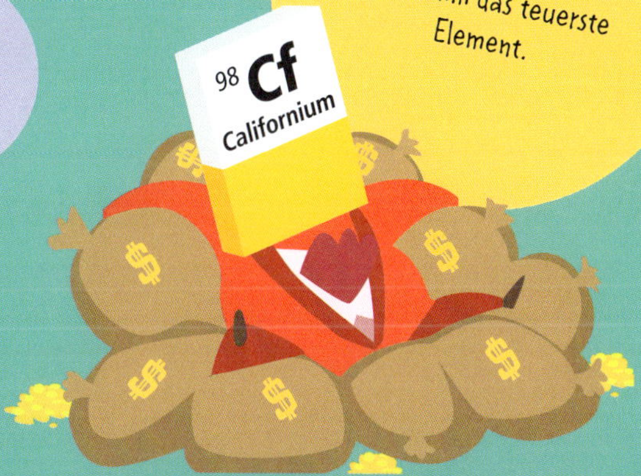

Quecksilber ist das einzige Metall, das bei Zimmertemperatur flüssig ist.

Nur 92 Elemente kommen auf der Erde natürlich vor.

Wasserstoffatome entstanden während des Urknalls – damit sind sie unglaubliche 13,8 Milliarden Jahre alt!

J ist der einzige BUCHSTABE, der im Periodensystem nicht vorkommt

Das Periodensystem ist weit mehr als eine Auflistung der chemischen Elemente.

Dmitri Mendelejew

Elementare Hilfe

1869 entwickelte der russische Spitzenwissenschaftler Dmitri Mendelejew das Periodensystem, in dem er alle bekannten chemischen Elemente in Gruppen zusammenfasste, die ähnliche Eigenschaften besitzen.

SYMBOLISCH

Jedes chemische Element besitzt ein Symbol. H steht für Wasserstoff, dem ersten Element im Periodensystem.

Seit im Jahr 2012 das Element 114 („Ununquandium") in Flerovium umbenannt wurde, gibt es auch kein Q mehr im Periodensystem.

Nur ein Mensch konnte seine **ADRESSE** in chemischen Elementen schreiben

Der amerikanische Chemiker Glenn T. Seaborg ist der einzige Mensch, nach dem ein chemisches Element zu Lebzeiten benannt wurde.

Elementen-Jäger

Glenn Seaborg hatte ein Händchen für die Entdeckung von Elementen: 10 gehen auf sein Konto. Als er noch im Lawrence-Livermore-Labor an der Universität von Kalifornien, Berkeley, arbeitete, hättest du eine Karte an ihn adressieren und dabei nur chemische Elemente verwenden können.

Manche METALLE explodieren bei dem Kontakt mit Wasser

Die Elemente der Gruppe 1 des Periodensystems sind die reaktionsfreudigsten Metalle.

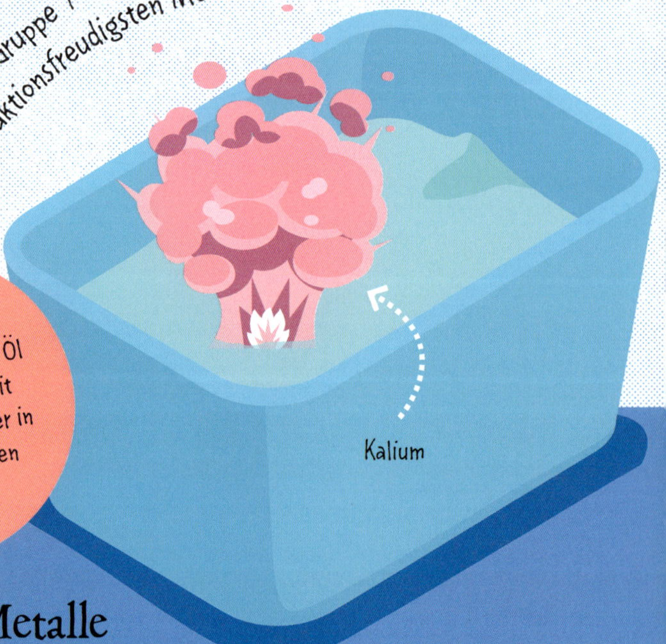

Die Metalle der Gruppe 1 werden in Öl aufbewahrt, damit sie nicht mit Wasser in der Luft reagieren können.

Explosive Metalle

Lass einen kleinen Klumpen Lithium ins Wasser fallen und das Leichtmetall sprudelt an die Oberfläche. Du hörst einen zischenden Ton, wenn das Wasserstoffgas entweicht. Mit einem kleinen Plopp entzündet sich das Wasserstoffgas, während das Metall mit einer roten Flamme brennt. Die Reaktion von Kalium ist stärker – mit einem Knall entzündet sich eine lila Flamme. Die stärkste Reaktion ruft Cäsium hervor.

Mehr als DREIVIERTEL aller Elemente sind Metalle

Eine Laune der Materie ist, dass sie hauptsächlich metallisch ist.

Metalle

Metalle sind meist glänzende Materialien, die Licht reflektieren. Sie leiten Hitze und Strom aufgrund der Art, wie sich die Atome in Metallen verbinden, ausgesprochen gut. Die äußeren Elektronen jedes Atoms können sich frei durch das Material bewegen. Das macht Metalle sehr fest, aber auch biegsam.

Kupfer und Gold sind seltsame Metalle, denn im Unterschied zu anderen sind sie nicht grau oder silbern.

Der Erdkern enthält genug Eisen, um damit Eisenbahnschienen 50 Milliarden Mal um die Erde legen zu können.

Alles bisher geschürfte Gold würde in einen überraschend KLEINEN WÜRFEL passen

Gold ist ein sehr seltenes Metall in der Erdkruste.

König des Klunkers

Das glänzende Gold ist ein Metall, das die Menschen verrückt werden lässt. Da es nahezu unzerstörbar ist, ist noch alles Gold, das bislang geschürft wurde, vorhanden – auch wenn das meiste davon in Banktresoren eingeschlossen ist.

DAS IST NICHT DEIN ERNST!

Die größte Menge an Gold, die an einem Ort gefunden werden kann, sind 550.000 Goldbarren, die in einem Tresor der „Federal Reserve Bank of New York" tief unter der Erde verwahrt sind. Sie sind 200 Milliarden US-Dollar wert.

Das erste ELEMENT wurde beim Sieden von Urin entdeckt

Wir sind in den 1660er-Jahren.

Hennig Brand war ein deutscher Alchemist, der sich zum Ziel gesetzt hatte, den Stein des Weisen zu finden. Dieser mythische Stein sollte billiges Metall in Gold verwandeln können. Hennig dachte sich, dass ein goldener Farbton vermutlich recht wichtig sein könnte …

… und so nahm er menschliches Pipi. Nein, wir wissen nicht, warum. Er siedete 50 Fässer Urin, bis daraus ein dickflüssiger Sirup wurde. Sein stinkendes Experiment ergab Phosphor – ein neues Element, das sich bei Kontakt mit Luft entflammt. Es war aber nicht der Stein des Weisen.

Jetzt vergisst du nie mehr, dass Phosphor mit einem „P" beginnt!

KOHLENSTOFF ist das vielseitigste Element

Das vierthäufigste Element hat eine Besonderheit.

Nützlicher Stoff

Kohlenstoff verbindet sich gern mit anderen Elementen (und mit sich selbst), sodass es eine Vielzahl an Stoffen bildet. Plastik- und Erdölerzeugnisse sind alles Kohlenstoffverbindungen! Man fügt Kohlenstoff Stahl hinzu, um ihn zu härten, und zu Harz, um daraus superleichte, superstarke Kohlenstofffaser-Verbundwerkstoffe zu machen.

WICHTIGES ELEMENT

Alles Leben, von winzigen Kleinstlebewesen bis hin zu riesigen Walen, beruht auf Kohlenstoff. Unsere Körper bauen auf Molekülen auf, die aus Kohlenstoffketten bestehen.

Es gibt mehr als 10 Millionen bekannte Kohlenstoffverbindungen.

Mit einem BLEISTIFT kann man eine 61 km lange Linie zeichnen

Bleistiftminen haben nichts mit Blei zu tun. Sie sind aus einer Kohlenstoffform gemacht, die man Graphit nennt.

Der längste Bleistift der Welt ist ein 20 m langer 2B-Stift, hergestellt in einer Fabrik von Faber-Castell in Malaysia.

Gleich und doch nicht gleich

Alle Atome eines Elements haben die gleiche Anzahl an Protonen. Das heißt aber nicht, dass sie immer in der gleichen Weise miteinander verbunden sind. Kohlenstoff formt tief unter der Erde kristallklare und superharte Diamanten – der härteste Stoff in der Natur. Es formt aber auch dunkles, weiches und glattes Graphit, das für Bleistiftminen verwendet wird.

ATOMMÜLL bleibt für eine Viertelmillion Jahre tödlich

Der Abfall, der von Atomkraftwerken produziert wird, muss besonders aufbewahrt werden.

Der Stachel im Fleisch

Atomkraftwerke benutzen lange Stangen des radioaktiven Urans 238 als Brennstoff. Sie nutzen mächtige Kernreaktionen, um „sauberen" Strom zu erzeugen. Anders als Kraftwerke, die fossile Brennstoffe verbrennen, erzeugen sie kein Kohlendioxid. Es gibt aber trotzdem ein großes Problem, denn der verbrauchte Brennstoff ist hochradioaktiv.

WIE AUFBEWAHREN?

Ein großer Reaktor erzeugt 20-30 Tonnen Atommüll im Jahr, der hochgradig radioaktiv ist. Hochradioaktiver Abfall wird in speziellen Behältern für 20 Jahre gelagert. Dann wird er in starke Fässer umgelagert und unter der Erde vergraben.

BANANEN sind radioaktiv

Bananen enthalten viel Kalium, das zum Teil radioaktiv ist …

Die Menge macht's

Ärzte errechneten, dass du 10.000.000 Bananen auf einmal essen müsstest, um an einer Strahlenvergiftung zu sterben, oder über sieben Jahre hinweg täglich 274 Bananen, um eine Auswirkung zu bemerken.

ALLES BANANE

Nicht alle Kalium-Atome sind radioaktiv, nur die mit 19 Protonen und 21 Neutronen – genannt ^{40}K-Isotope. Glücklicherweise sind nur 0,012% der Kalium-Atome ^{40}K-Isotope. Jede Banane enthält 0,0000393 g an ^{40}K-Isotopen.

SUPERKALTES HELIUM fliegt nach oben

Helium, das leichter als Luft ist, lacht über die Schwerkraft.

Ausbruchkünstler

Helium ist das Gas, mit dem man Party-Luftballons aufbläst. Wenn du es einatmest, wird deine Stimme ganz komisch und schrill. Wird Helium auf ein paar Grad um den absoluten Nullpunkt heruntergekühlt, macht es ganz verrückte Dinge. Es geht durch die Wände seines Behälters und klettert die Wände hoch. Es wird zu einer Supraflüssigkeit mit coolen Superkräften!

Helium ist das zweithäufigste Element im Universum, aber auf der Erde ist es selten. Es ist so leicht, dass das meiste davon in das All entwichen ist.

Die meiste Materie im Universum ist PLASMA

Wir halten die Erde für normal. Das ist sie aber nicht!

Fantastisches Plasma

Die Bedingungen auf der Erde sind so mild, dass sich Materie normalerweise in einem der drei Aggregatzustände befindet – fest, flüssig oder gasförmig. Plasma gibt es nur, wenn genug Energie vorhanden ist, um die Atome zu spalten und die Elektronen vom Kern zu trennen. Das passiert auf der Erde nur bei Blitzschlägen, in Plasma-Lampen und in Kernfusionsreaktoren.

GASFÖRMIG
frei beweglich, füllt jeden Behälter komplett aus

Dampf

FLÜSSIG
fließt, um die Form des Behälters anzunehmen

PLASMA
Die Sonne ist ein Plasma-Ball.

FEST
füllt Raum mit einer dreidimensionalen festen Form

Heißes Wasser gefriert schneller als KALTES

Der Mpemba-Effekt ist eine seltsame Erscheinung, die Wissenschaftler schwer erklären können.

Was ist kälter als kalt?

1963 entdeckte Erasto Mpemba, dass heiße Eiscreme schneller gefriert als kalte. Kann das sein? Weitere Tests mit seinem Physiklehrer bestätigten diese mehr als seltsame Entdeckung, die aber niemand erklären konnte.

ECHT KOMPLIZIERT

Die Art, wie Dinge gefrieren, ist kompliziert und so funktioniert der Mpemba-Effekt auch nicht immer. Manche Wissenschaftler denken, dass es damit zusammenhängt, wie die Wassermoleküle sich beim Abkühlen abstoßen und näher zusammenkommen. Andere jedoch meinen, dass der Effekt nicht echt ist.

WASSER dehnt sich aus, wenn es gefriert

Dieser Effekt ist ganz bestimmt echt und erklärt, warum Eis auf Wasser schwimmt.

Eisberg voraus!

Die meisten Flüssigkeiten werden kleiner und fest, wenn sie gefrieren. Nicht so Wasser. Eiskristalle haben eine offenere Molekül-Struktur als flüssiges Wasser. Sie dehnen sich in gefrierendem Wasser aus und vergrößern ihr Volumen um fast zehn Prozent.

Eisberge, die weniger als 5 m aus dem Wasser herausragen, werden auch Growler genannt.

Der größte Eisberg der Welt maß 195 km in der Länge und 37 km in der Breite und war damit größer als Jamaika.

Wahnsinns-SAUERSTOFF

Ein Fünftel der Erdatmosphäre besteht aus Sauerstoff.

Alle chemischen Reaktionen, die das Leben auf der Erde in Gang halten, benötigen Sauerstoff.

Ozon besteht aus drei miteinander verbundenen Sauerstoffatomen: O_3.

Das Gas, das wir einatmen, besteht aus zwei miteinander verbundenen Sauerstoffatomen: O_2.

Sauerstoff ist das häufigste Element auf der Oberfläche unseres Planeten.

Hoch oben in der Atmosphäre schützt uns eine Ozonschicht vor den schädlichen UV-Strahlen der Sonne.

Nach Wasserstoff und Helium ist Sauerstoff das dritthäufigste Element im Universum.

Sauerstoff ist so reaktionsfreudig, dass es auf der Erde nur in Verbindung mit anderen Elementen vorkommt.

Reinen Sauerstoff für mehr als 16 Stunden einzuatmen, ist tödlich.

Sauerstoffgas ist durchsichtig; flüssiger Sauerstoff ist blau.

Vor 300 Millionen Jahren gab es so viel Sauerstoff in der Luft, dass Flächenbrände selbst feuchte Pflanzen verbrannt hätten.

Die STÄRKSTE SÄURE auf der Welt ist eine Million Mal stärker als Schwefelsäure

Halte dich von supergefährlichen Supersäuren fern!

Starker Stoff

Supersäuren sind eine Neuentwicklung von chemischen Stoffen, die billionenfach stärker sind als herkömmliche Säuren. Sie werden in der chemischen Industrie, vor allem in Verbindung mit Rohölprodukten, verwendet. Hexafluorantimonsäure ist die stärkste dieser hochreaktiven Stoffe.

AUSSERIRDISCH!

Supersäuren sind nicht die am stärksten ätzenden Säuren. Flusssäure könnte aus einem Science-Fiction-Film stammen. Sie frisst sich durch fast alles, auch durch Glas. Ihre speziellen Aufbewahrungsbehälter müssen alle zwei Jahre ausgetauscht werden.

MAGENSÄURE ist stark genug, um eine Rasierklinge aufzulösen

Du solltest das trotzdem nicht ausprobieren!

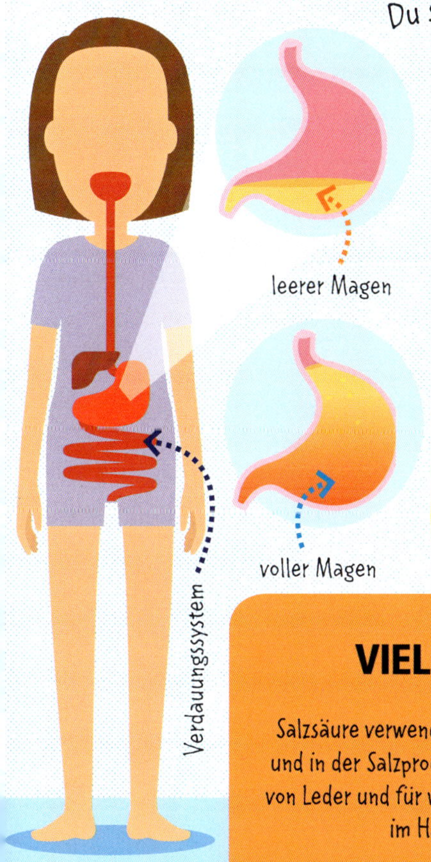

Säureangriff

Wenn du zum Essen bereit bist, füllt sich dein Magen mit Salzsäure – einer stark ätzenden Säure. Die Säure greift nicht nur das zerkaute Essen an, sondern auch deinen Magen. Um Schaden zu vermeiden, produziert die Magenschleimhaut eine Bikarbonat-Lösung, die die Säure neutralisiert. Trotzdem muss die Magenschleimhaut alle vier Tage erneuert werden.

VIELSEITIG

Salzsäure verwendet man in der Stahl- und in der Salzproduktion, beim Gerben von Leder und für viele Reinigungsmittel im Haushalt.

Stahlproduktion

Wenn du eine Handvoll SALZ in ein Wasserglas gibst, sinkt der Wasserstand

Wenn du es nicht glaubst, dann probier's selbst aus!

1 Gieß Wasser in ein Glas und markiere den Wasserstand.

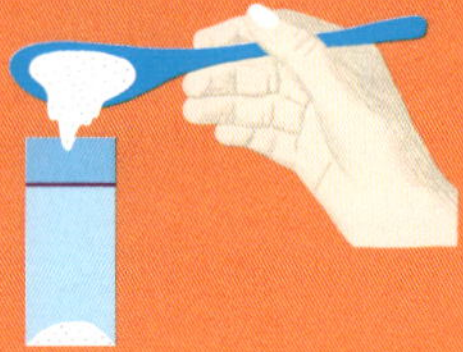

2 Gib vorsichtig ein paar Löffel Salz hinzu.

3 Rühr das Wasser um, bis sich das Salz aufgelöst hat.

4 Überprüfe nun den Wasserstand.

Was passiert da?

Die Erklärung hat damit zu tun, dass Wassermoleküle sich abstoßen. Fügt man Salz hinzu, wird dieser Effekt unterbrochen und erlaubt es den Molekülen, sich anzunähern, was das Wasservolumen insgesamt verkleinert.

„Heißes Eis" und „kaltes kochendes Wasser" sind MÖGLICH

Seltsames Gebräu

Britische Bergsteiger beschweren sich, dass sie keinen anständigen Tee im Hochgebirge machen können. Das liegt daran, dass bei einem niedrigeren Luftdruck das Wasser bei niedrigeren Temperaturen kocht. Und Tee, der mit so einem Wasser gemacht wird, schmeckt einfach nicht. Im All, wo es keinen Luftdruck gibt, kocht das Wasser sofort.

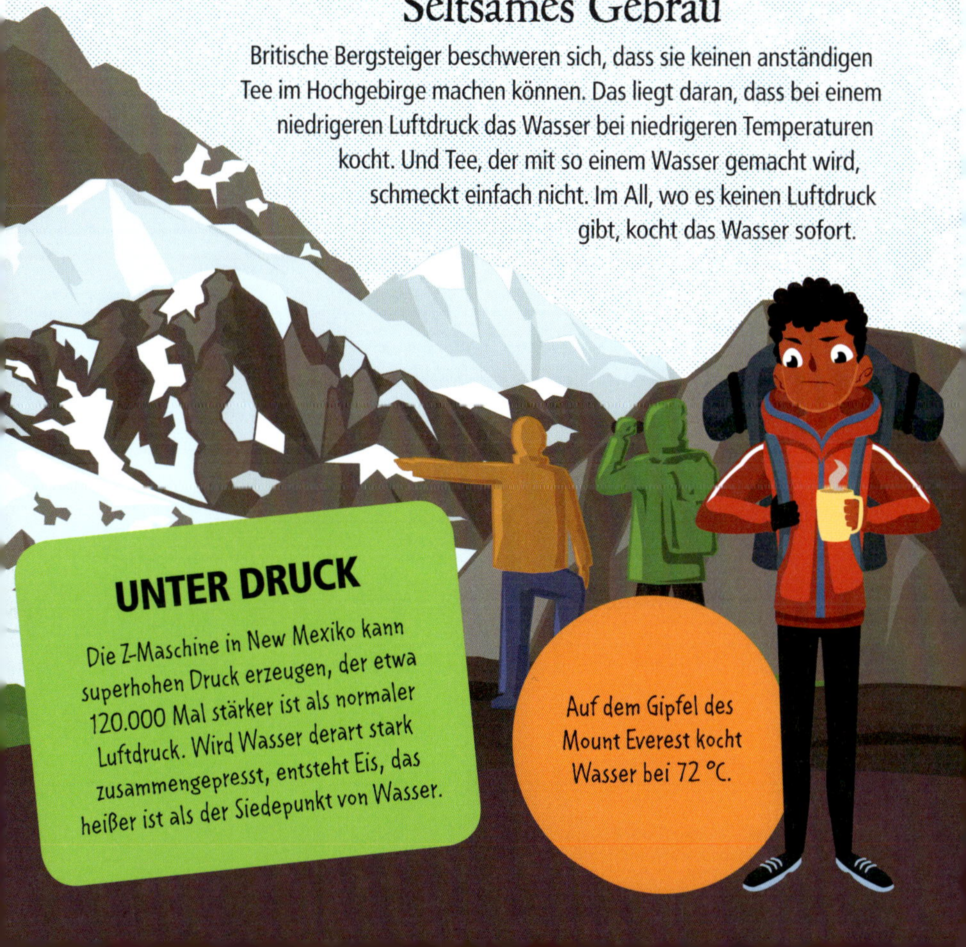

UNTER DRUCK

Die Z-Maschine in New Mexiko kann superhohen Druck erzeugen, der etwa 120.000 Mal stärker ist als normaler Luftdruck. Wird Wasser derart stark zusammengepresst, entsteht Eis, das heißer ist als der Siedepunkt von Wasser.

Auf dem Gipfel des Mount Everest kocht Wasser bei 72 °C.

Chemische REAKTIONEN bringen neue Stoffe hervor

Die meisten Dinge um uns herum bestehen nicht aus einzelnen Elementen. Die verschiedenen Atome und Moleküle reagieren miteinander – darum geht es in der Chemie.

Vor und zurück

Eine chemische Reaktion geschieht, wenn ein Stoff sich in einen anderen umwandelt. Manchmal ist das unumkehrbar – wenn du einen Kuchen bäckst, kannst du die Reaktion nicht rückgängig machen, um die Rohzutaten wiederzubekommen. Es gibt aber auch umkehrbare Reaktionen.

GIBST DU MIR, GEB ICH DIR …

Atome verbinden sich zu Molekülen, indem sie sich Elektronen teilen oder Elektronen austauschen.

KATALYSATOREN beschleunigen chemische Reaktionen millionenfach

Kleine Helfer

Katalysatoren beschleunigen chemische Reaktionen, indem sie die dazu benötigte Energie verringern. Sie helfen bei der Produktion von allem, sei es Plastik, Dünger, Waschpulver, Joghurt, Käse oder Bier. Eiweiß-Katalysatoren in unserem Körper, Enzyme genannt, helfen uns bei der Verdauung und beim Wachstum.

OZONLOCH

Nicht alle Katalysatoren sind willkommen. Verbotene Fluorchlorkohlenwasserstoffe (FCKW), die man früher in Sprühdosen verwendet hat, beschleunigen den Abbau von Ozon in der Atmosphäre.

Zutritt nur für Mitglieder

Es gibt strenge Regeln, um ein Katalysator zu werden.

1. Beschleunige eine Reaktion.
2. Lass dich nicht in die Reaktion mit hineinziehen.

AUTO-KATALYSATOREN verwenden kostbare Metalle

Diese Vorrichtungen am Auspuff verwandeln giftige Abgase in sauberere Gase.

Sauberere Autos

Benzin- und Dieselmotoren produzieren jede Menge Dreck, wie Kohlenmonoxid, Stickstoffoxide, unverbrannte Kohlenwasserstoffe und Ruß. Die Metall-Katalysatoren beschleunigen den Abbau dieser giftigen Gase.

AUS

Kohlenstoffdioxid
Stickstoff
Wasserdampf

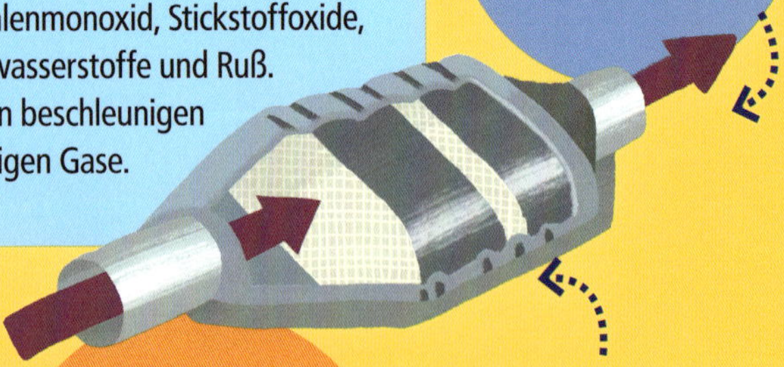

Stickstoffoxide werden in Sauerstoff und Stickstoff umgewandelt.

EIN

Kohlenmonoxid
Stickstoffoxide
unverbrannte
Kohlenwasserstoffe

Auto-Katalysatoren enthalten Platin, Palladium und Rhodium, die alle drei teurer als Gold sind.

Durch DÜNGER hat sich die Weltbevölkerung vervierfacht

Künstlicher Dünger ersetzt den Stickstoff, den die Feldfrüchte dem Boden entziehen, sodass das gleiche Land Jahr für Jahr bebaut werden kann.

Folgenreiche Erfindung

Bis zur Erfindung von Kunstdünger brachten Bauern Kompost und Tierdung auf ihre Felder aus. Aber am besten war es, dem Boden eine Pause zu geben. Das Haber-Bosch-Verfahren, das in den 1900er-Jahren erfunden wurde, änderte all das. Mit ihm konnte man stickstoffreiches Ammoniak industriell herstellen. Die Nahrungsmittelproduktion steigerte sich durch den Kunstdünger enorm und die Weltbevölkerung wuchs von 1,6 Milliarden Menschen im Jahr 1900 auf fast 7,6 Milliarden heute.

Wir verwenden 200,5 Millionen Tonnen Kunstdünger im Jahr.

Zufällige chemische ENTDECKUNGEN

In den 1830er-Jahren entdeckte Charles Goodyear, wie man Gummi härten kann, als eine Mischung aus Gummi, Schwefel und Blei auf einen heißen Ofen fiel.

1826 kratze der britische Chemiker John Walker den Dreck von seinem Rührlöffel, der sich entzündete. Er hatte das erste Streichholz gemacht.

Das gebräuchlichste Plastik auf der Welt – Polyethylen – wurde zweimal erfunden, beide Male durch Zufall.

Spencer Silver wollte 1968 einen starken Klebstoff herstellen, aber er bekam nur einen schwach haltenden Klebstoff – perfekt für kleine Klebezettel!

Die Versuche von Harry Coover, durchsichtige Plastik-Zielfernrohre herzustellen, endeten in einer stark klebrigen Pampe, die wir nun Superkleber nennen.

1935 wurden durch Zufall dehnbare Nylonfasern erfunden, als ein Laborant aus Missgeschick zwei Mischungen zusammenschüttete.

Kleine, fußballartige Kohlenstoffatome, die man Fußballmoleküle oder Fullerene nennt, überraschten den Wissenschaftler, der sie 1985 entdeckte.

Als Roy Plunkett 1938 ein hitzebeständiges, glattes Puder in einer alten Tube entdeckte, benutzte er es, um daraus eine nicht haftende Teflon-Beschichtung für Töpfe und Pfannen zu entwickeln.

Der Chemiker Constantin Fahlberg entdeckte 1878 den ersten künstlichen Süßstoff, Saccharin, nachdem er vergessen hatte, sich vor dem Essen die Hände zu waschen.

Der erste künstliche Farbstoff wurde VERSEHENTLICH entdeckt

Färbemittel für Kleidung wurde früher aus Mineralien, Pflanzen oder Tieren hergestellt.

Lila für alle!

Lila Farbstoff war einst so selten und so teuer, dass die Farbe Lila den Römischen Kaisern vorbehalten war – bis zu den Sommerferien von 1856, in denen der Teenager William Perkins nach einem Heilmittel gegen Malaria suchte. Alles, was dabei herauskam, war ein enttäuschender, schwarzer Klumpen. Als er ihn jedoch wegwusch, löste er sich in eine lila Farbe auf. Perkins hatte den künstlichen Farbstoff Mauveine erfunden, der ihn reich machte.

Bevor es Mauveine gab, brauchte man 12.000 Schnecken, um genug lila Farbstoff für den Saum einer Toga zu erhalten.

Der **GEFÄHRLICHSTE** Wissenschaftler der Welt war Thomas Midgeley, Jr.

Dieser Wissenschaftler meinte es gut, aber erfand trotzdem die gefährlichsten Chemikalien in der Geschichte.

Bleihaltiges Benzin

In den 1920er-Jahren fügte Midgeley als Erster Blei zu Benzin hinzu. Das ließ die Automotoren ruhiger laufen und verbesserte die Fahrleistung. Unglücklicherweise waren die bleihaltigen Abgase schädlich für das Gehirn, sodass bleihaltiges Benzin schließlich in den 1990er-Jahren verboten wurde.

FLUORCHLOR-KOHLENWASSERSTOFFE (FCKW)

Als Nächstes bedrohte Midgeley den Planeten mit Fluorchlorkohlenwasserstoffen (FCKW). Obwohl diese Gase sicherer waren, als die zu seiner Zeit verwendeten Chemikalien in Kühlschränken, zerstören sie die Ozonschicht in der Atmosphäre. 1985 haben Wissenschaftler ein riesiges Loch in der Ozonschicht entdeckt, die die Erde vor den UV-Strahlen der Sonne schützt.

Der größte chemische **LEBENSRETTER** wächst auf schimmeligen Brot

Penizillin hat dir möglicherweise dein Leben gerettet. Ohne es kann eine Halsentzündung oder eine entzündete Wunde manchmal zum Tod führen.

Mach nicht den Abwasch

Der schottische Chemiker Alexander Fleming hat das Wundermedikament Penizillin 1928 durch Zufall entdeckt. Er ging in Urlaub, ohne seine Laborschalen zu reinigen. Als er zurückkehrte, bemerkte er, dass der Schimmel, der nun auf den Schalen wuchs, die Bakterien in ihrer Entwicklung gestoppt hatte.

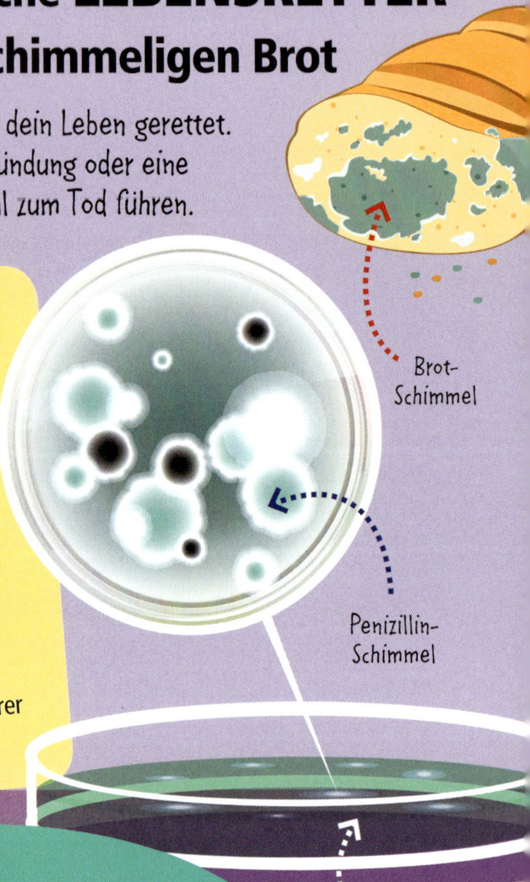

Obwohl Fleming das Penizillin entdeckt hatte, fand er keinen guten Weg, um es herauszufiltern. Dies gelang schließlich seinen Kameraden Howard Florey und Ernest Chain im Jahr 1939.

Das Leben ist LINKSHÄNDIG

Das ist eines der größten Rätsel des Lebens.

Spiegel-Moleküle

Deine beiden Hände haben die gleiche Grundform, aber sie spiegeln einander. Manche Moleküle sind auch so. „Rechtshändige" Moleküle sehen wie das Spiegelbild von „linkshändigen" aus.

Methan-Moleküle

Diese Lebensmittel sind voll von „linkshändigen" Aminosäuren-Molekülen.

LINKSHÄNDIGE GRUNDBAUSTEINE

Aminosäuren sind die Grundbausteine von Proteinen, die langen Moleküle, die wesentlich für das Leben sind. Aminosäuren können links- oder rechtshändig sein, aber die in Lebewesen sind immer linkshändig. Warum das so ist, weiß niemand.

Als Erster verwendete ein CHIRURG Desinfektionsmittel

Ruhm und Ehre für Joseph Lister, dem Retter der Menschheit!

Gesundheitsrisiko

Ehe es Desinfektionsmittel gab, war eine Operation sehr gefährlich. Wunden konnten sich sehr schnell durch Bakterien entzünden, die „Wundfieber“ verursachten. Selbst wenn eine Operation gut verlaufen war, konnte der Patient später noch an einer Infektion sterben.

NICHT STERIL

Vor den 1860er-Jahren trugen die Chirurgen schmutzige Schürzen und sterilisierten ihre OP-Instrumente nicht. Sie wuschen auch ihre Hände nicht immer vor einer OP.

Alles sauber

Lister bedeckte Wunden mit einem Verband, der in Karbolsäure getränkt war. Außerdem führte er das Händewaschen, die Sterilisation der chirurgischen Instrumente und die Desinfektion mit Karbolspray während der OP ein. Die Entzündungsrate sank enorm.

Die **ERSTE BATTERIE** wurde vor 2000 Jahren erfunden

Hat eine alte Kultur Strom erfunden?

Erste Batterie?

200 v. Chr. baute ein Erfinder im heutigen Irak ein besonderen Tontopf. Im Inneren befand sich eine Eisenstange, die von Kupfer ummantelt war. Das Ganze badete in einer Säure und war mit einem Stöpsel aus Teer verschlossen. Es ist noch immer ein Rätsel, wofür diese mesopotamische „Batterie" benutzt wurde.

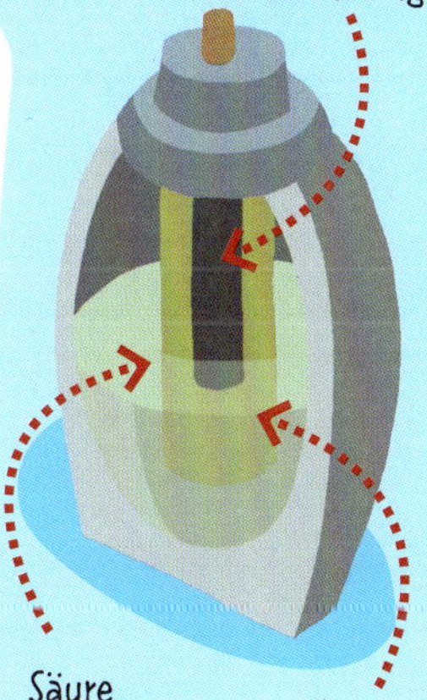

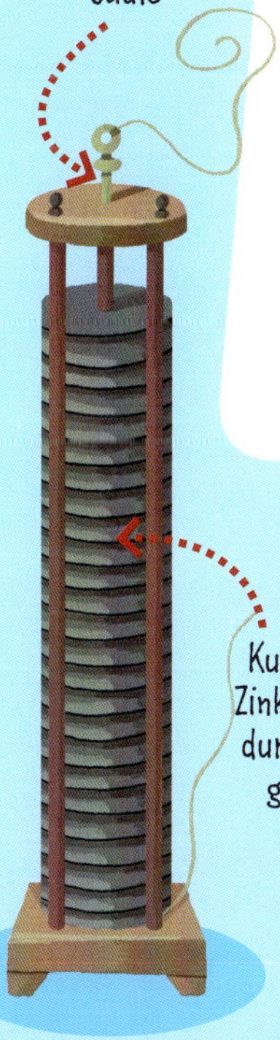

STROM-TURM

Der Italiener Alessandro Volta erfand 1800 die erste moderne Batterie. Dieses Hightech-Sandwich aus Metallscheiben, die in Salzwasser getränkt waren, war die erste zuverlässige elektrische Energiequelle.

Das Silizium eines Mikrochips ist FAST zu 100% rein

Damit ein Computerchip funktioniert, muss das Silizium ultrarein sein.

Heißes Bad

Nur das reinste Silizium kann für den Bau von Siliziumchips verwendet werden. Zunächst muss ein riesiger Siliziumkristall hergestellt werden, der größer als ein Erwachsener ist und hunderte Kilos wiegt. Dieser wird dann bei Temperaturen, die heißer sind als Lava (1.500 °C), gereinigt.

Eine Reinheit von „neun Neunen" = 99,999999999% rein!

DÜNNE PLATTEN

Mikrochips werden auf Siliziumplatten aufgebracht. Jede Platte wird auf eine Dicke von 0,5 mm zugeschnitten – das ist etwa die Breite einer Bleistiftmine – und danach glatt poliert.

Den LÄNGSTEN chemischen Namen auszusprechen, dauert mehr als 3 Stunden

Der chemische Name des längsten bekannten Proteins ist auch das längste Wort in der englischen Sprache.

Titin – der Titan

Titin (auch Connectin) ist kein besonders langes Wort, aber es ist ein langes Molekül. Der chemische Name dieses riesigen Proteins, das in Muskeln vorkommt, besteht aus 189.819 Buchstaben. Wenn du dreieinhalb Stunden Zeit hast, kannst du herausfinden, wie man es aufsagt.

SAG'S NOCHMAL …

Supercalifragilisticexpialidocious ist ein ausgedachtes Wort mit 34 Buchstaben. Du müsstest es 5.583 Mal aussprechen, um auf die Länge des chemischen Namens von Titin zu kommen.

Harte Tatsachen über BETON

Beton wird aus Sand und Kies hergestellt, verbunden mit Zementkalk.

Beton wird mit der Zeit härter.

Wird Beton mit Wasser vermischt, passiert eine chemische Reaktion. Kristalle wachsen, die den Beton härten.

In 450 g Beton sind etwa 150 Milliarden Betonitkörner.

Die Römer erfanden den modernen Beton.

Das Pantheon in Rom ist der größte unverstärkte Betonbau der Welt.

Der älteste bekannte Beton ist 2.500 Jahre alt.

Der größte Betonguss aller Zeiten fand im Jahr 2017 in Schardscha (Vereinigte Arabische Emirate) statt und dauerte vier Tage.

Bei der Produktion von einer Tonne Zement entsteht eine Tonne Kohlendioxid.

Die Chinesen fügten beim Bau der Großen Mauer Klebreis zu ihren Betonmischungen hinzu.

Die Drei-Schluchten-Talsperre in China ist der größte Betonbau der Welt. Er wurde mit 16 Millionen Kubikmeter Beton gebaut!

Thioaceton ist die übelriechendste Chemikalie auf der WELT

Der Stoff stinkt so sehr,
dass Menschen davon ohnmächtig werden.

Schnell weg!

1889 versuchte eine Fabrik in Freiberg, Deutschland, Thioaceton zu produzieren, was eine Massenpanik verursachte! Menschen wurden ohnmächtig und es war ihnen übel. Sie versuchten, aus der Stadt zu fliehen, um dem widerlichen Geruch zu entkommen.

Ein einziger Tropfen Thioaceton erzeugt einen Geruch, der auch noch in fast 500 m Entfernung zu riechen ist.

ECHTE STINKER

Die zwei weiteren Kandidaten im Gestankswettbewerb sind:

- Skatol – mit einem Geruch nach Kot.
- Mercapatan, das man Erdgas beifügt, um Menschen auf Gaslöcher aufmerksam zu machen. Es riecht nach verfaulendem Kohl und stinkenden Socken.

GRAPHEN ist das dünnste Material auf der Welt

Graphen ist eine Million Mal dünner als ein menschliches Haar und damit das erste zweidimensionale Material der Welt.

Wunderstoff

Graphen, das 2004 entdeckt wurde, ist ein ultraleichtes, superbewegliches Material, das aus einem Netz von Kohlenstoffatomen besteht. Sie sind in Sechsecken, wie Honigwaben, angeordnet. Eine Graphen-Schicht, die nur so dick wie ein Atom ist, ist transparent und der weltweit beste Leiter für Strom.

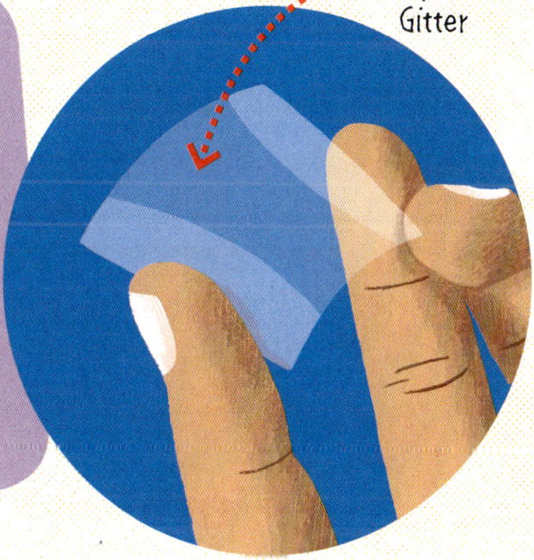

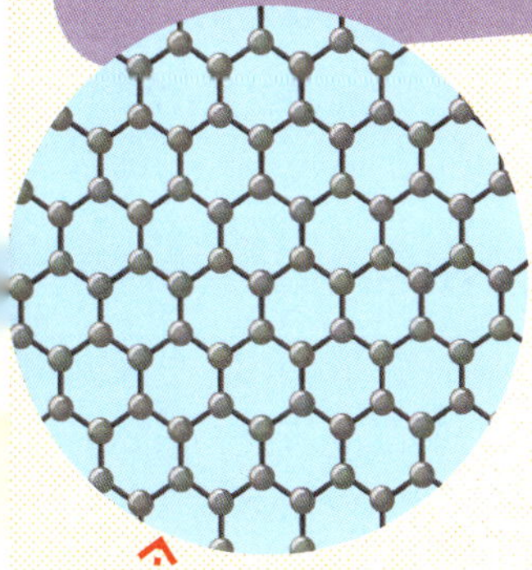

GLÜCKLICHER ZUFALL

Graphen wurde von Forschern entdeckt, als sie Graphit-Proben mit Klebestreifen reinigten. Als sie die Klebestreifen überprüften, stellten sie fest, dass sie zusammen mit Staub und Schmutz auch eine superdünne Graphen-Schicht abgelöst hatten.

Graphen ist 200 Mal stärker als Stahl.

Die meisten Papierbögen können nicht mehr als sieben Mal in der Mitte gefaltet werden

Probier es aus, wenn du es nicht glaubst.

Ein DIN-A4-Blatt ist 300 mm lang und 0,05 mm dick.

Jedes Mal, wenn du es faltest, verdoppelt sich seine Dicke.

Beim dritten Falten ist es fast acht Mal dicker.

Beim 30. Falten wäre es 100 km dick und im Weltraum.

42 Faltungen würden dich zum Mond bringen.

Bei 103 Faltungen wäre dein Blatt dicker als das beobachtbare Universum: 93 Milliarden Lichtjahre breit!

Britney Gallivan hält den Weltrekord im Papierfalten mit 12 Faltungen von Toilettenpapier.

CARBIN ist das stärkste Material der Welt

Noch ein Wundermaterial aus Kohlenstoff ist Carbin, das sogar noch stärker als Graphen ist.

Super-Kette

Carbin besteht aus langen Kohlenstoffketten, die nur so breit wie ein Atom und nicht sichtbar für das menschliche Auge sind. Obwohl Carbin schon vor 50 Jahren vorausgesagt wurde, gelang es Forschern erst kürzlich, das Molekül herzustellen. 2014 verbanden sie 6.400 Kohlenstoffatome.

NICHT VON DIESER WELT

Obwohl man Carbin auf der Erde nur schwer herstellen kann, findet man es im All auf Asteroiden und in kosmischen Staubwolken.

Der stärkste KLEBSTOFF auf der Welt stammt von Seepocken

Der Klebstoff von Seepocken hält an jeder Oberfläche unter jeder Bedingung.

ANHÄNGLICHE SEEPOCKEN

Diese Krebstiere sind bekannt dafür, dass man sie kaum mehr entfernen kann, vor allem, wenn sie sich am Schiffsrumpf niedergelassen haben. Seepocken setzen sich erst fest, wenn sie voll ausgewachsen sind. Die frei umherschwimmenden Larven wählen einen Platz auf einem Gestein aus und geben dann ihren zweiteiligen Bio-Kleber frei. Der erste Teil ist ölig und beseitigt das Wasser auf dem Gestein. Der zweite Teil klebt sie dann fest.

Die US-Marine schätzt, dass Seepocken Zweidrittel an zusätzlichem Gewicht an ihren Schiffen ausmachen.

AEROGELE sind die leichtesten Stoffe der Welt

Diese Materialart besteht hauptsächlich aus Luft.

Leicht wie Luft

Diese leichtgewichtigen Stoffe sind zunächst ein Gel. Sie werden dann in einem Druckbehälter getrocknet, wobei der feste Teil unberührt bleibt, aber nun von mikroskopisch kleinen Löchern durchsiebt wird, wo vorher Flüssigkeit war. Aerogele sind vollkommen trocken.

99,98% des Volumens von Aerogelen besteht aus Luft.

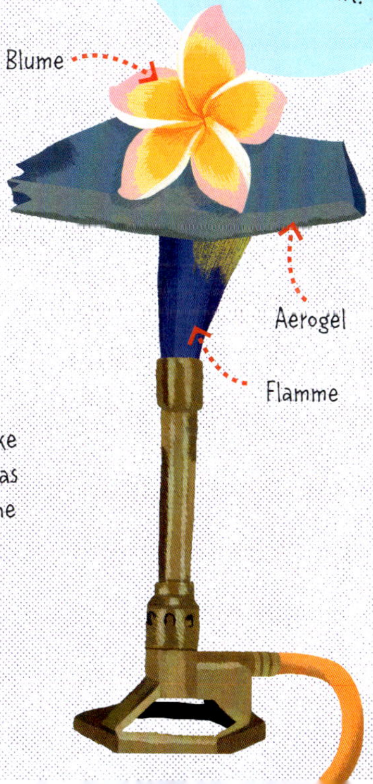

SUPER-SCHWAMM

Da sie so eine große Oberfläche haben, sind Aerogele hervorragend dafür geeignet, Ölflecke aufzusaugen. Sie sind auch gute Isolatoren, das heißt, dass sie so etwas Zartes wie eine Blume vor einer Flamme schützen können.

Eine **BILLION** Plastiktüten werden jedes Jahr hergestellt

Vermeiden, statt wegwerfen!

Menschen mögen Plastik. Es ist billig, stark, anpassungsfähig und kann in jeder beliebigen Farbe und Form hergestellt werden. Unglücklicherweise dauert es hunderte von Jahren, bis Plastik abgebaut ist. Das bedeutet, dass der Plastikmüll ständig wächst.

14,6 Millionen Tonnen an Plastikmüll wird im Ozean entsorgt.

Eine Möwe füttert ihr Küken mit Plastik.

MIKROPLASTIK – MAXI-PROBLEM

In den Ozeanen verwirren die Plastiktüten Meeresschildkröten. Andere Tiere halten sie für Futter und fressen sie. Das Sonnenlicht zersetzt das Plastik in kleine Teilchen, die die Meeresströmungen in riesigen Schmutzwolken herumwirbeln.

Die Streifen von TIGERN werden durch chemische Stoffe gesteuert

Die Natur bringt ähnliche Muster hervor, aber wie werden sie gemacht?

Gestreifte Haut

Die Streifen eines Tigers sind wie Fingerabdrücke. Keine zwei Tiger haben dasselbe Muster. Wissenschaftler vermuten, dass es in der Haut von Tigern zwei verschiedene Arten von Proteinen gibt – eine, die Zellen dazu veranlasst, Streifen auszubilden, und eine andere, die Zellen genau davon abhält. Das Zusammenspiel der beiden chemischen Stoffe lässt dann die Muster entstehen, von den Streifen des Tigers und Zebrafisches bis hin zu den Punkten des Leoparden.

Tiger haben nicht nur ein gestreiftes Fell, sondern auch eine gestreifte Haut.

Du verbringst zehn Jahre deines Lebens vor dem FERNSEHER

Es macht Spaß, fernzusehen, aber es ist auch eine große Zeitverschwendung!

Bildschirmzeit

Wenn du, wie ein Durchschnittsmensch, dreieinhalb Stunden am Tag fernsiehst, so summiert sich das auf mehr als vier Tage im Monat und auf eineinhalb Monate im Jahr! Vergiss nicht, dass es auch noch so etwas wie „draußen" gibt und dass du gelegentlich vielleicht auch einmal hinausgehen willst, um die Welt mit eigenen Augen zu sehen!

Der Durchschnittsamerikaner sieht am Tag etwa fünf Stunden fern.

In Indonesien sitzt man am längsten vor dem Fernseher.

Weltweit gibt es etwa 44.000 RUNDFUNKSENDER

Radiowellen, die große Entfernungen zurücklegen, sind eine Form von elektromagnetischer Energie.

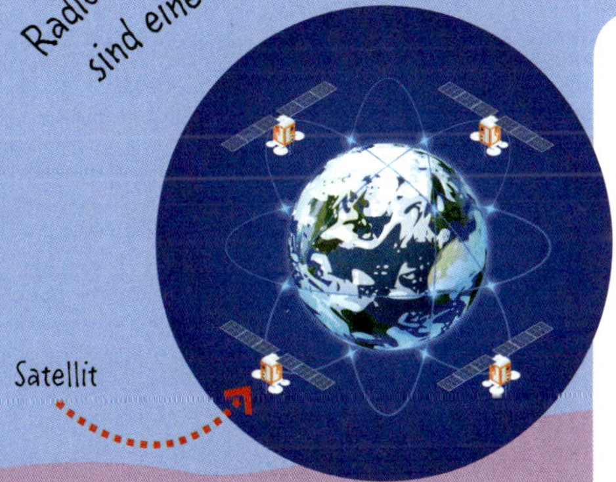

Radio Gaga

Radiowellen sind nützlich für den Austausch von Nachrichten. Fernseh- und Radiosendungen gehen genauso um die Welt wie Radiowellen. Weltweite Telefongespräche und Internetverkehr werden durch Satelliten möglich. Radiosignale helfen uns sogar bei der Kommunikation mit Raumsonden auf weit entfernten Planeten.

Lange Wellen unter Wasser

U-Boote benutzen für die Kommunikation mit der Oberfläche Längstwellen (3-30 kHz) und niederfrequente Radiowellen (3-30 Hz), die durch Wasser gehen.

DRAHTLOSE KOMMUNIKATION

Für eine kabellose Datenübertragung nutzt man Millimeterwellen (30-300 GHz).

Das **SCHNELLSTE AUTO** der Welt kann die Schallmauer durchbrechen

Das „Bloodhound Super Sonic Car" sieht wie ein gespitzter Bleistift mit festgebundener Rakete aus.

OFFIZIELLER LANDGESCHWINDIGKEITSREKORD

1977 brachte Andy Green das „Thrust Super Sonic Car" auf eine Geschwindigkeit von 1.227,985 km/h. Es war auch das erste Auto, das die Schallmauer durchbrach.

Schallgeschwindigkeit

Der Schall geht mit einer Geschwindigkeit von 1.235 km/h durch die Luft. Wenn sich etwas schneller als der Schall bewegt, kommt es zu einem Donnerschlag ähnlichen Überschallknall.

Spitzengeschwindigkeit

Das „Bloodhound Super Sonic Car" braucht nur 3,6 Sekunden für 1,6 km. Andy Green hofft, es auf 1,609 km/h tunen zu können.

Der SCHNELLSTE ZUG der Welt schwebt auf Supermagneten

Da Magnetschwebezüge schneller als Hochgeschwindigkeitszüge sind, sind sie derzeit die Champions der Gleise.

Maglev

Maglev ist die Abkürzung für „magnetic levitation" („magnetisches Schweben"). Maglev-Züge benutzen supraleitende Magnete, wodurch der Zug 10 cm über den Gleisen schwebt. Der Zug gleitet fast reibungslos auf einem Luftkissen wie ein geölter Blitz dahin!

Die japanische Magnetschwebebahn Maglev aus der LO-Versuchsreihe ist weltweit der schnellste Zug mit einer Rekordgeschwindigkeit von 603 km/h.

SUPRALEITER

Supraleiter sind Materialien, die Strom ohne elektrischen Widerstand leiten. Werden sie auf eine Temperatur von unter -267 °C, der Temperatur von flüssigem Helium, herabgekühlt, werden sie zu unglaublich starken Elektromagneten.

Das größte Schiff auf der Welt ist **SO LANG**, wie das Empire State Building hoch ist.

Diese gewaltigen Frachter sind wirklich gigantisch.

Lange Giganten

Die Containerschiffe der Triple-E-Klasse sind mit einer Länge von 400 m weltweit die größten Schiffe. Das Empire State Building ist mit 381 m Höhe kleiner, es sei denn, man rechnet noch die Antenne hinzu. Dann gewinnt das Hochhaus mit 443 m.

MONSTER-TANKER

Der Supertanker „Knock Nevis" war das größte jemals erbaute Schiff. Das 458-m-Monster wurde im Jahr 2010 verschrottet.

MÄCHTIGER MATZ

Das „Matz Maersk Triple-E" ist zu groß für den Panamakanal. Voll beladen hat es 18.000 Container an Bord. Jede seiner Schiffsschrauben wiegt unglaubliche 64 Tonnen.

Das größte **LANDFAHRZEUG** ist größer als die Freiheitsstatue

Der „Bagger 288" ist eine riesige Bergbaumaschine. Sein Schaufelrad ist mit einer Höhe von 95 m so hoch wie ein siebenstöckiges Hochhaus!

Deutscher Bergarbeiter

Der gigantische Bagger wird im Tagebau eingesetzt, wo er Erde mit seinem Schaufelrad aushebt. Jede Schaufel fasst unglaubliche 6.500 l Erdreich. Trifft er auf eine Lagerstätte, kann er 240.000 Tonnen Kohle am Tag abbauen!

UMZUG

2001 musste der Bagger zu einem 23 km entfernten Bergwerk umziehen, wofür er drei Wochen brauchte.

Der „Bagger 288" wiegt mehr als der Eiffelturm.

FAHRERLOSE AUTOS können in totaler Dunkelheit fahren

Ein fahrerloses Auto lässt dich entspannen, während es sich selbst lenkt.

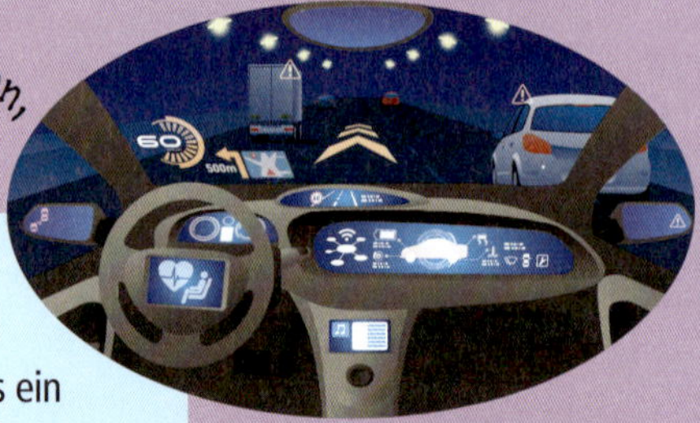

Wie von Geisterhand

Bei einem selbstfahrenden Auto übernimmt es ein eingebauter Computer, das Auto auf der Fahrbahn zu halten, die Spur zu wechseln und andere Fahrzeuge zu überholen. Er richtet sich nach Fahrbahnmarkierungen, damit das Auto auf Spur bleibt.

Entscheidung in Sekunden

Selbst mit Warnsignalen braucht ein Fahrer 3–7 Sekunden, um auf eine Gefahrensituation zu reagieren. Ein fahrerloses Auto benötigt dafür nur den Bruchteil einer Sekunde.

BLIND FAHREN

Es ist dreimal wahrscheinlicher bei einem Autounfall in der Nacht zu sterben als bei einem am Tag. Ford hat als Erster ein lasergesteuertes Auto entwickelt, das im Dunkeln fährt.

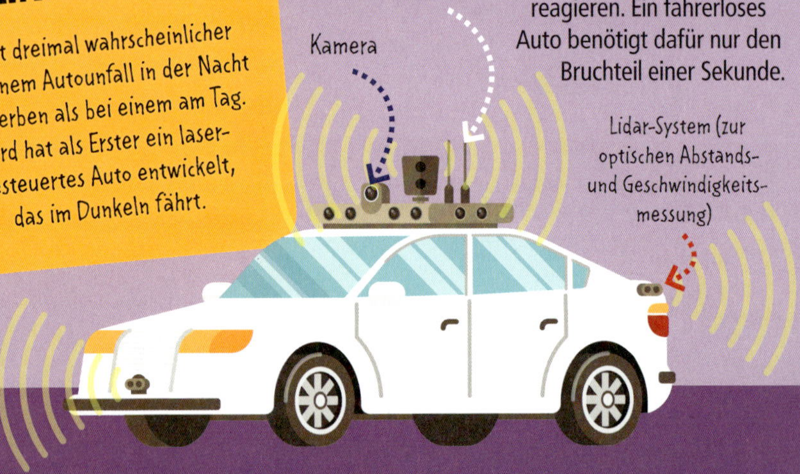

FAHRRÄDER brauchen keinen Fahrer

Bewegt sich ein Fahrrad erst einmal, bleibt es auch ohne Fahrer aufrecht.

Brillanter Balanceakt

Die Räder eines Fahrrads drehen sich ständig weiter so wie ein Kreisel. Solange es schneller als 13 km/h fährt, fällt es beim Fahren nicht um. Das liegt zum einem an den Kreiselkräften der Räder, die dafür sorgen, dass sich die Räder wieder aufrichten, sollten sie sich zur Seite neigen. Zum anderen bewirkt der sogenannte Nachlauf, dass sich die Räder in Fahrtrichtung ausrichten.

FANTASTISCHES FAHRRAD

Die Räder des größten fahrtauglichen Fahrrads der Welt haben einen Durchmesser von 3,3 m.

Solarbetriebene FLUGZEUGE können monatelang in der Luft bleiben

Eine neue Art von Flugzeugen fliegt mit der Kraft der Sonne.

Der chinesische Drache

Die chinesische, solarbetriebene Drohne CH-T4 ist riesig, aber sie braucht keinen Piloten, um in 20 km Höhe über dem Boden zu kreisen. Ihre 40 m langen Flügel sind so lang wie drei Fernreisebusse, aber die CH-T4 wiegt nur 400 kg. Diese leichtgewichtige Drohne wird durch Sonnenenergie betrieben, sodass sie nicht betankt werden muss.

EINMAL UM DIE WELT

Im Jahr 2016 umrundete die „Solar Impulse 2" als erstes solarbetriebenes Flugzeug die Erde.

Das größte **FLUGZEUG** der Welt kann eine Raumfähre tragen

Die Antonow An-225 „Mrija" ist das längste und schwerste Flugzeug, das jemals gebaut wurde.

Gigantischer Transporter

Die Flügel dieses Frachtflugzeugs aus der Zeit der Sowjetunion sind fast so lang wie ein Fußballfeld. Voll beladen wiegt es so viel wie sechs Blauwale. Sechs enorme Triebwerke bringen dieses Ungetüm in die Luft. In den 1980er-Jahren wurde nur eines dieser gigantischen Flugzeuge gebaut. Es könnte die Raumfähre „Buran" huckepack tragen. Und es ist noch immer im Einsatz.

Das Rufzeichen der An-225 lautet „Cossack".

GRÖSSEN-UNTERSCHIED

Während Jumbojets 18 Räder haben, hat das Fahrwerk einer An-225 32 Räder!

BAUTECHNIK

Architekturwettbewerbe wurden bei den Olympischen Spielen in der Zeit von 1912 (Sommerolympiade in Stockholm, Schweden) bis 1948 ausgetragen.

Wenn der „Jeddah Tower" in Saudi-Arabien 2020 fertiggestellt sein wird, wird er das erste Gebäude sein, das 1 km in die Höhe ragt.

„The Shard" in London ist das größte Gebäude in Westeuropa. Seine Fundamente reichen 53 m tief unter die Erde.

Der 50,45 km lange Tunnel zwischen Frankreich und Großbritannien ist mit 37,9 km Länge der längste unterseeische Tunnel.

Zwischen 2009 und 2016 war die „Siduhe-Brücke" in China mit 472 m Höhe zwischen Fahrbahn und Flussbett die höchste Brücke der Welt.

Die Große Moschee von Djenné in Mali ist das größte Lehmgebäude der Welt.

Das Nationalstadion in Peking mit dem Spitznamen „Vogelnest" ist weltweit der größte Stahlbau. Es wurde Stahl in einer Länge von 36 km mit einem Gewicht von 110.000 Tonnen verbaut.

Etwa 1.000 Elefanten halfen dabei, das kunstvollste Grabmal auf der Welt, den „Tadsch Mahal", zu errichten.

Der römische Aquädukt, der „Pont du Gard", wurde ohne Mörtel hergestellt. Seine sechs Tonnen schweren Steinblöcke passen perfekt zusammen.

Das Guggenheim-Museum in Bilbao sieht von oben wie eine Blume und von unten wie ein Schiff aus. Es ist mit 33.000 sehr dünnen Titanblättern verkleidet.

Der BURJ KHALIFA ist das höchste Gebäude der Welt

Der „Burj Khalifa", der sechs Weltrekorde hält, ist dreimal höher als der Eiffelturm und fast zweimal so hoch wie das Empire State Building.

Mit einer Höhe von fast einem Kilometer (828 m) ist der „Burj Khalifa" in Dubai, Vereinigte Arabische Emirate, das höchste frei stehende Gebäude in der Welt.

Der im Turm verbaute Beton wiegt so viel wie 100.000 Elefanten.

Nicht weniger als fünf der größten Passagierflugzeuge könnten aus dem Aluminium gebaut werden, das für den Wolkenkratzer verwendet wurde.

Der „Burj Khalifa" hat den weltweit höchsten Aufzug. Er erreicht 140 Etagen.

THE PALM, JUMEIRAH ist die weltweit größte künstliche Insel

Künstliche Inseln sind Festland, das dem Meer abgetrotzt wurde.

Traumland

Die künstliche Insel „The Palm, Jumeirah" im Persischen Golf vor Dubai, VAE, ist ein Wunderwerk der Technik. Sie umfasst eine Fläche, die größer als 800 Fußballfelder ist. Noch bemerkenswerter ist die Form der Insel. Sie stellt eine riesige Palme dar, die von einer runden Ufermauer umgeben ist.

WILLKOMMEN!

Die Palme ist ein wichtiges Symbol in der Geschichte und Kultur des Mittleren Osten, wo sie als Zeichen der Gastfreundschaft gesehen wird.

Der **KLETTVERSCHLUSS** beruht auf einer Nachahmung der Klette

Dieser Allzweck-Verschluss wird für Kleidung, Rucksäcke und sogar für Raumanzüge verwendet.

Biomimetik = neue Erfindungen werden durch die Natur angeregt

Reißverschlussloser Reißverschluss

Der Haken-und-Schlaufen-Verschluss ahmt das Prinzip der Klette nach, deren Haken an allem haften bleibt, das vorbeikommt. Georges de Mestral, ein Ingenieur aus der Schweiz, kam auf die Idee, nachdem sein Hund von einem Spaziergang mit lauter Kletten nach Hause kam. Heutzutage werden Klettverschlüsse aus hitzebehandeltem Nylon hergestellt.

An der Innenseite des Helms eines Raumanzuges klebt ein Streifen Klettverschluss, an dem sich die Astronauten die Nase kratzen können.

Die ersten WORTE per Telefon lauteten: „Mr. Watson, kommen Sie her."

Die Geschichte des Telefons begann am 10. März 1876.

Näseln mit Folgen

Als der schottische Erfinder Alexander Graham Bell untersuchte, ob mehrere Telegrafensignale durch dieselbe Leitung geschickt werden können, hörte er ein Näseln. Das brachte ihn auf die Idee, dass diese Maschine auch die menschliche Stimme übertragen könnte.

Nicht auszudenken, was Bell mit einem modernen Telefon gemacht hätte!

Witzigerweise waren die Mutter und Ehefrau von Alexander Graham Bell schwerhörig.

Moderne Druckmaschinen können MEHR als 20 Zeitungen in der Sekunde drucken

Als erstes mechanisch gedrucktes Buch wurde die Bibel im Jahr 1455 hergestellt.

Druckmaschine

Druckzeit

Die schnellste Druckmaschine der Welt, die 28 Kopien in der Sekunde druckt und deren Zylinder sich 833 Mal in der Minute dreht, wirft 100.000 Kopien in der Stunde aus. Die schnellsten Schreibtischdrucker schaffen nur mickrige 68 Seiten in der Minute.

„Harry Potter und die Heiligtümer des Todes" halten mit 12 Millionen Exemplaren den Rekord für die höchste Erstauflage aller Zeiten.

DAS KLEINSTE BUCH DER WELT

Um das gerade einmal 0,75 cm breite, japanische Buch über Blumen lesen zu können, braucht man ein Vergrößerungsglas.

THOMAS EDISON probierte 6.000 verschiedene Materialien aus

Er wollte den perfekten Glühfaden für Glühbirnen finden.

Licht in die Welt

Die erste praktisch nutzbare Glühbirne wurde von dem US-Erfinder Thomas Edison hergestellt. Er wusste, dass der Glühfaden sehr dünn und wenig leitfähig sein musste, damit er leuchtend weiß glühte. Edison probierte viele Metalle und sogar Barthaare aus, bevor er sich für verkohlte Bambusfasern entschied.

Thomas Edison

LANGLEBIG

Die „Livermore Centennial Light Bulb" auf einer Feuerwehrwache in Kalifornien brannte ununterbrochen über 100 Jahre lang!

Energiesparend

Glühbirnen sind sehr unwirtschaftlich, da sie nur 2,5% der elektrischen Energie in Licht umwandeln. Kompaktleuchtstofflampen („Energiesparlampen") sind viermal wirtschaftlicher.

Thema ENERGIE

Die Erde erhält in nur einer Stunde von der Sonne so viel Energie, wie wir in einem Jahr verbrauchen.

Fast die Hälfte des weltweiten Strombedarfs wird durch die Verbrennung von fossilen Brennstoffen erzeugt.

Menschen in Industrieländern verbrauchen weitaus mehr Energie als Menschen in Entwicklungsländern.

Der CO_2-Fußabdruck einer Handlung oder eines Produkts ist die Summe des Kohlenstoffdioxids, das dabei freigesetzt wird.

Fossile Brennstoffe sind aufbewahrter Sonnenschein – wenn diese einst lebendigen Dinge verbrannt werden, geben sie die Energie frei, die sie von der Sonne zu Lebzeiten aufgenommen haben.

Eine einzige Suche bei Google setzt etwa 0,2 g Kohlenstoffdioxid frei.

Der größte Stromausfall in der Geschichte ereignete sich 2012 in Indien, bei dem 620 Millionen Menschen ohne Strom blieben.

Die Drei-Schluchten-Talsperre in China ist das größte Wasserkraftwerk der Welt.

Der Kernbrennstoff Uran ist 8.000 Mal leistungsfähiger als Öl oder Kohle.

Seine 34 Turbinen erzeugen so viel Energie, wie durch das Verbrennen von 45 Millionen Tonnen Kohle entstehen.

Die größte TUNNELBOHRMASCHINE auf der Welt bohrt ein Loch in der Breite eines Tennisplatzes

Diese Monster-Maschine hat es wirklich in sich!

Traditionsgemäß kann eine Tunnelbohrmaschine erst mit dem Bohren anfangen, wenn sie einen Namen hat.

Große Bertha

„Bertha" ist die größte Tunnelbohrmaschine der Welt. Ihre Bohrköpfe sind so hoch wie ein fünfstöckiges Gebäude. Ihre Bohrer drehen sich einmal in der Minute und bohren sich durch festes Gestein und Dreck. Als sie 2013 einen 3,2 km langen Tunnel unter den Straßen von Seattle grub, blieb sie stecken. Es dauerte zwei Jahre, bis man sie befreien konnte.

GIGANTISCH!

„Bertha" ist so lang wie 29 Doppeldecker-Busse und wiegt so viel wie 480 normale Busse.

Der Superlaser der „NIF" wurde aus 192 LASERN zusammengestellt

Künstlicher Stern

Die „National Ignition Facility" (NIF) in Livermore, Kalifornien, verwendet den weltweit stärksten Laser, um die Bedingungen in einem Stern nachzuahmen. Wird ein kugelgroßes Ziel von seinem Strahl getroffen, erhitzt es sich auf 50 Millionen °C – fast sechsmal heißer als der Sonnenkern. Der Laser erzeugt einen Druck, der 150 Milliarden Mal stärker ist als der Druck der Erdatmosphäre. Dieser Energieblitz lässt die Atome mit sich verschmelzen und setzt mehr Energie frei, als benötigt wird, um den Laserstrahl zu erzeugen.

Reaktor der NIF

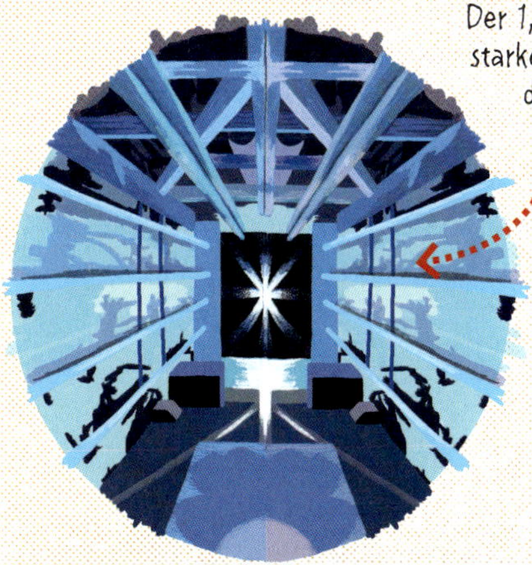

Der 1,85 Megajoule starke UV-Lichtblitz des Lasers

Die Stärke eines Lasers maß man zuerst in der Einheit „Gilette" – der Anzahl an Rasierklingen, die er durchbohren konnte.

Stammzellen könnten BLINDEN zum Sehen verhelfen

Superzellen

Der menschliche Körper ist aus 200 verschiedenen Arten von Zellen aufgebaut, die jeweils eine bestimmte Arbeit erledigen. Die meisten Zellen stellen exakte Kopien von sich selbst her, aber es gibt auch ganz spezielle Zellen, sogenannte Stammzellen, die sich in fast jede Zellenart verwandeln können. Ärzte sammeln diese „Alleskönner-Zellen", um mit ihnen Schäden im Körper zu heilen.

Stammzellen helfen dabei, deine gesamte Haut monatlich zu erneuern.

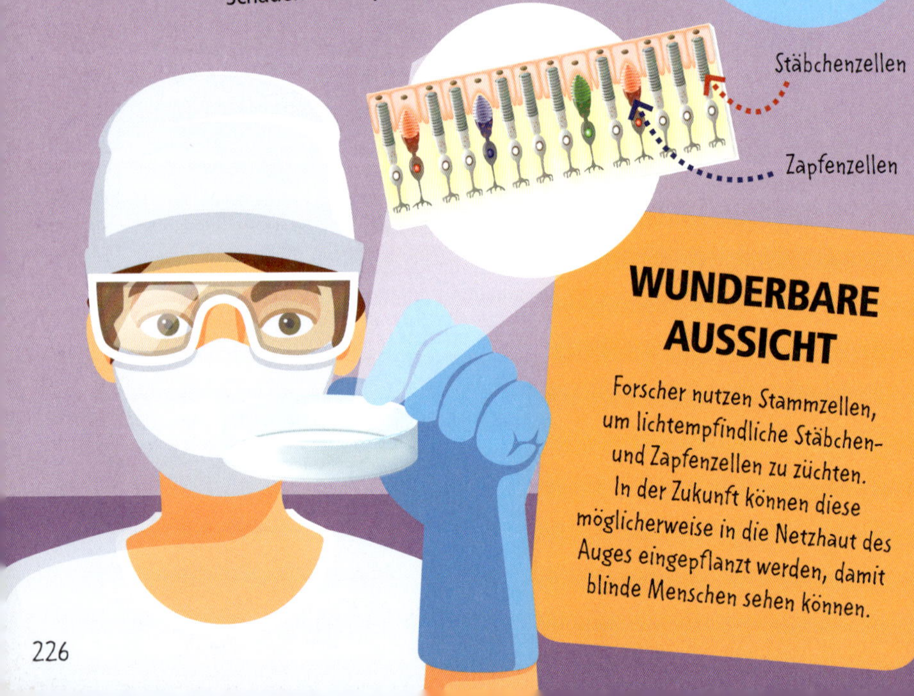

WUNDERBARE AUSSICHT

Forscher nutzen Stammzellen, um lichtempfindliche Stäbchen- und Zapfenzellen zu züchten. In der Zukunft können diese möglicherweise in die Netzhaut des Auges eingepflanzt werden, damit blinde Menschen sehen können.

KÜNSTLICHE HÄNDE
können nun gedruckt werden

Gib mir die Hand

Mit einer Datei aus dem Internet können sich Menschen, die eine Hand verloren haben oder ohne Hand zur Welt gekommen sind, eine voll funktionsfähige Hand ausdrucken. Die 3D-gedruckten Plastikhände gibt es in knalligen Farben und sehen wie Roboterhände aus. Kinder lieben sie und sie können auch neue bekommen, wenn sie wachsen, denn diese Hände sind viel billiger als herkömmliche Prothesen.

eine Prothese (ein künstliches Körperteil)

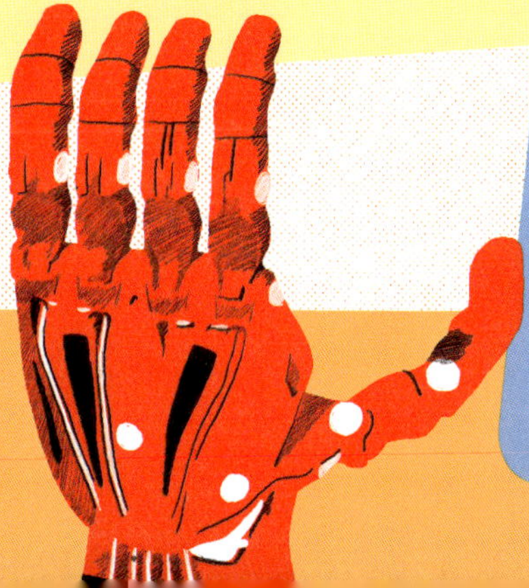

LAGENWEISE

3D-Drucker bauen Formen vom Boden aus auf, indem sie Schicht auf Schicht geschmolzenes Plastik, das aus einer winzigen Düse spritzt, übereinanderlegen. Schicht um Schicht wird ein stabiler Gegenstand aufgebaut.

Die ersten MOBILTELEFONE wogen so viel wie ein Päckchen Zucker

Der klobige Akku „Brick" („Ziegel") musste 10 Stunden geladen werden und reichte nur für eine halbe Stunde Gesprächszeit.

LUXUSGUT

Die ersten Mobiltelefone kosteten etwa 3.000 US-Dollar!

Hört, hört!

Der erste Anruf mit einem Mobiltelefon fand am 3. April 1973 statt.

Handy-Foto

Philippe Kahn teilte 1997 das erste Foto, das mit einem Telefon aufgenommen wurde. Es zeigte einen Schnappschuss seines neugeborenen Babys.

LIEBLINGS-FINNE

Das „Nokia 1100" ist das erfolgreichste elektronische Gerät in der Geschichte, von dem mehr als 250 Millionen Stück verkauft wurden.

Der durchschnittliche Smartphone-Benutzer berührt sein Gerät mehr als 2.600 Mal am Tag.

Wir machen 1 MILLION SELFIES am Tag

DAS BIN ICH!

Das Selfie ist der König unter den Fotos. 24 Milliarden dieser Selbstporträts wurden 2015 auf die Server von Google hochgeladen. Sei trotzdem vernünftig. In einem Jahr sterben mehr Menschen bei der Aufnahme eines Selfies als von Haien getötet werden.

Der ausziehbare Selfie-Stick wurde bereits in den 1980er-Jahren erfunden, aber damals zündete diese Idee noch nicht.

Weltraum-Selfie

Der amerikanische Astronaut Buzz Aldrin machte 1966 das erste Selfie im Weltraum.

SUPERZEITLUPEN-Kameras können die Ausbreitung von Licht aufnehmen

Die Zeitlupen-Fotografie fasziniert ohne Ende. Es ist lustig, in Zeitlupe zu sehen, wie ein Luftballon zerplatzt, wie ein Ei von einem Hammer zerschlagen wird oder wie die Ohren eines Hundes flattern, wenn er sich schüttelt.

Langsamkeit

Es dreht sich alles um die Anzahl der Einzelbilder in der Sekunde. Zeitlupen-Kameras nehmen Bilder mit einer wesentlich höheren Bildrate auf. Werden sie dann in Normalzeit abgespielt, läuft das Geschehen langsamer ab. Daher kannst du Dinge sehen, die für deine Augen normalerweise zu schnell sind.

SCHNELLIGKEIT

Eine „Femto-Kamera" ist eine superschnelle Kamera, die eine Billion Bilder in der Sekunde aufnimmt. Sie kann einen Lichtstrahl dabei beobachten, wie er sich ausbreitet, und sie kann sogar um die Ecke sehen!

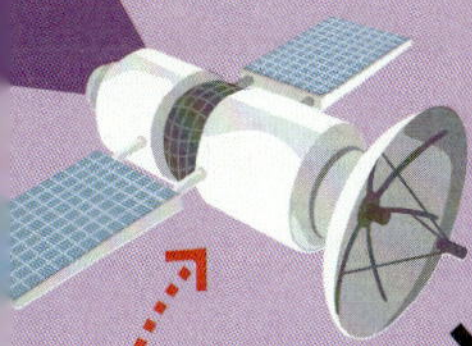

Satellit

Mehr als 2.500 KÜNSTLICHE Satelliten umkreisen die Erde

Sputnik 1

Satelliten übertragen Telefon- und Internetdaten, übermitteln Fernseh- und Radiosignale, überwachen unseren Planeten und spionieren uns aus.

DER ERSTE SATELLIT

Der erste künstliche Satellit wurde am 4. Oktober 1956 gestartet. „Sputnik 1" enthielt nicht viel mehr als einen Funksender. Der strandballgroße Satellit umkreiste unseren Planeten drei Monate lang, bevor er in die Erdatmosphäre stürzte und verglühte.

Weltraumschrott

Das amerikanische „Space-Surveillance-System" überwacht derzeit mehr als 13.000 künstliche Weltraumobjekte, die größer als 10 cm sind.

Das „Global Positioning System" (GPS) nutzt eine Flotte von 24 Satelliten, die in 24.000 km Höhe die Erde umkreisen.

Im Inneren des INTERNETS

Das Internet ist ein riesiges, weltweites Netzwerk von Computern, die alle miteinander verbunden sind.

Haie kauen gerne unterseeische Internetkabel an.

Das World Wide Web ist eine Sammlung von Webseiten, die über das Internet abrufbar sind.

Der britische Informatiker Sir Tim Berners-Lee hat das World Wide Web 1989 erfunden.

Das Internet verbindet 3,2 Milliarden Menschen, die mit 8,7 Milliarden Geräten darauf zugreifen.

Daten, die über das Internet gesendet werden, werden in kleine Pakete aufgeteilt. Sie kommen zu dir über die am wenigsten verstopften Leitungen und wenn sie bei dir angekommen sind, setzt dein Computer sie wieder zusammen.

Das längste unterseeische Kabel der Welt hat eine Länge von 38.600 km und verbindet 33 Länder miteinander

Die Unmengen an sich bewegenden Elektronen, die die Daten im Internet übertragen, wiegen so viel wie eine Erdbeere.

Zweidrittel aller E-Mails sind Spam-Mails.

Deine Online-Daten können überall sein – einzelne Dateien können auf alle Rechenzentren rund um den Globus verteilt sein.

Die erste Webcam der Welt wurde an einer Kaffeeküche im Computer-Labor der Cambridge-Universität ausprobiert. Man sollte nicht unnötigerweise in die Kaffeeküche gehen, wenn die Kanne leer war.

Der leistungsfähigste SUPERCOMPUTER der Welt kann 93 Billiarden Rechnungen in einer Sekunde ausführen

Mit seinen 41.000 Chips ist der „Sunway TaihuLight" der schnellste Computer weltweit.

Die Geschwindigkeit eines Computers wird in FLOPDS gemessen, das für „floating-point operations per second"* steht.

Super-Problem-Löser

China sind Weltführer bei den Supercomputern. Diese gigantischen Maschinen-Gehirne füllen ganze Lagerhallen und packen die größten Probleme an. Sie errechnen sogar die Geburt und die frühe Ausbreitung des Universums. Sie versuchen auch die Wellenbewegung von Erdbeben vorauszusagen, um über das Innere unseres Planeten besser Bescheid zu wissen.

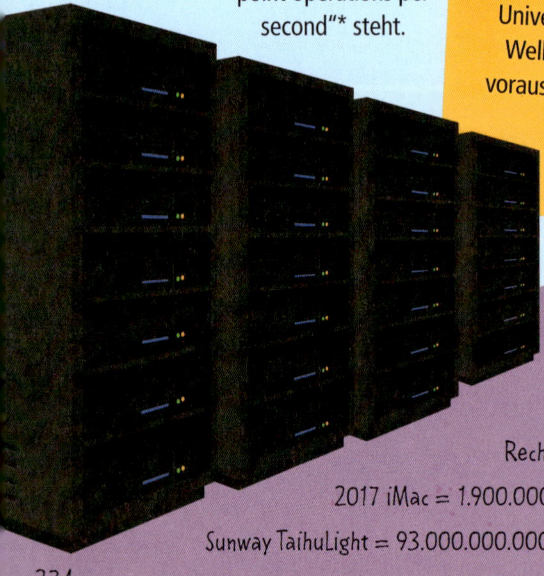

* Deutsch: Gleitkomma-Operationen pro Sekunde

Rechnungen pro Sekunde = 1 FLOPS

2017 iMac = 1.900.000.000.000 FLOPS (1,9 Teraflops)

Sunway TaihuLight = 93.000.000.000.000.000 FLOPS (93 Petaflops)

Die COMPUTER der Apollo-Raumfähre waren nur so leistungsstark wie heutige Taschenrechner

Ein durchschnittliches Handy ist wesentlich leistungsfähiger als die Computer, die Menschen auf den Mond und sicher zurückgebracht haben.

Fliegender Toaster

Der Computer an Bord der „Apollo" war einfacher als heutige Toaster. Er hatte nur 36 KB Datenspeicherplatz – weniger als viele wissenschaftliche Taschenrechner mit 256 KB. Moderne Computer arbeiten 60.000 Mal schneller als der der „Apollo".

Mondlandefähre

STROM AN – STROM AUS

Apollo: 6 Transistoren

iPhone X: circa 4,3 Milliarden Transistoren

Nerven aus Stahl

Als sich die Mondlandefähre von „Apollo 11" der Mondoberfläche näherte, blockierte der Computer wegen Überlastung. Neil Armstrong übernahm die Kontrolle und landete die Fähre einige Sekunden früher als geplant.

Daten von 5 MB wogen 1955 eine Menge!

Der weltweit erste Computer mit Festplattenspeicher – der IBM 305 RAMAC – befand sich in einem Schrank von der Größe von zwei Kühlschränken und konnte nur mit einem Gabelstapler bewegt werden – noch nicht gerade laptop-tauglich! Seine 50 klobigen Aluminium-Platten speicherten etwa 5 MB.

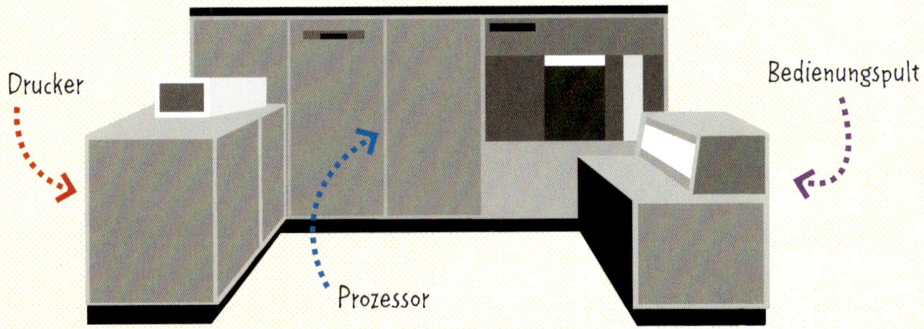

Bits und Bytes

Bit – Die kleinste Dateneinheit.
Es kann entweder eine 0 oder eine 1 sein.

Byte – 1 Byte = 8 Bits

Terabyte
1 TB = 1.000.000.000.000.000 Bytes
10 TB haben alle Bücher der „Library of Congress", USA.

Yottabyte
1 YB = 1.000.000.000.000.000.000.000.000 Bytes
Das Internet hat Daten in etwa in der Größe eines Yottabytes.

Fotodateien in der Größe von insgesamt 2 Terabytes werden täglich auf die Webseiten von sozialen Medien hochgeladen.

Die weltweit **ERSTE WEBSEITE** wurde 1990 erstellt

Willkommen im verrückten und wunderbaren Web.

Total tolle Technik

Das World Wide Web ist eine Plattform, die auf das Internet aufsetzt. Jede Seite hat eine Adresse, eine sogenannte URL, sodass man sie über das Internet aufrufen kann. Webseiten können miteinander über Hyperlinks („Querverweise") verbunden werden.

Besuche die weltweit erste Webseite, die es noch immer gibt, auf:
http://info.cern.ch/hypertext/WWW/TheProject.html
(Aber erwarte nicht zu viel – es mag zwar historisch sein, aber es ist nicht der Brüller!)

Der NeXT-Rechner war der erste WWW-Server und befindet sich noch immer am Teilchenforschungszentrum CERN in Genf.

Das häufigste **PASSWORT** auf der Welt ist 123456

Kein Schutz

Fast jeder Zweite verwendet ein leicht zu erratendes Passwort, um seinen Computer, seine E-Mails und sein Bankkonto zu schützen. Ein schwaches Passwort besteht aus Zahlen- oder Buchstabenfolgen (auf der Tastatur) wie „1111“ oder „qwert“. Selbst der Austausch von Buchstaben durch Zahlen wie „einlo99en“ ist nicht sehr sicher.

ERSTELLE DAS AM HÄRTESTEN ZU KNACKENDE PASSWORT DER WELT

Dein Passwort muss für einen Menschen leicht zu merken sein, aber für einen Computer hart zu knacken. Bei Passwortketten nimmt man vier seltene Wörter, die zusammen keinen Sinn ergeben, die man sich aber leicht merken kann und sicher sind.

Etwa 5.000 neue COMPUTERVIREN werden jeden Monat verbreitet

Achtung, Ansteckungsgefahr!

„Malware" ist bösartige Computer-Software, die sich in deinen PC einnistet. Ist die schädliche Software installiert, übernimmt sie die Kontrolle und breitet sich auf andere Computer aus. Hier ist eine Übersicht von Malware-Arten, nach denen man im Internet-Dschungel Ausschau halten sollte.

VIRUS

Ein Programm, das sich selbst in andere Programme einschleust und darauf wartet, dass der Nutzer das Programm startet.

BOTNETS

Eine Gruppe von Schadprogrammen, die ohne Einverständnis des Nutzers ferngesteuert werden.

WÜRMER

Eigenständige Programme, die Kopien von sich selbst über ein Computer-Netzwerk verbreiten und Systemspeicher und Netzwerk-Bandbreite verbrauchen.

TROJANER

Ein Programm, das vorgibt, nützlich zu sein, aber Hackern eine „Hintertür" zu deinem PC öffnet.

QUANTENRECHNER sind 100 Million Mal schneller …

… als dein PC zuhause. Sie werden bald Probleme gelöst haben, für die normale Supercomputer Millionen von Jahren gebraucht hätten!

Qubits

Quantencomputer verwenden Qubits. Ein Qubit (sprich Kju-bit) ist ein „Quantenbit". Im Unterschied zu den herkömmlichen Computerbits, die Informationen als Nullen und Einser speichern, können Qubits auf eine 0, eine 1 oder auf beides gleichzeitig eingestellt werden! Das gibt den Quantencomputern einen enormen Schub, wenn es an die Zahlenverarbeitung geht.

Das @-SYMBOL ist der neueste Buchstabe im Morsealphabet

Bevor es das Telefon gab, haben Menschen Nachrichten telegrafiert. Hobby-Funker und manche Schiffe verwenden noch diese altmodische Art der Kommunikation.

Zeitgemäßes Morsen

2004 wurde zum offiziellen Morsealphabet das @-Zeichen hinzugefügt, um damit den 160. Jahrestag der ersten Morsetelegrafie-Übertragung zu feiern. Es war der erste neue Buchstabe seit dem 1. Weltkrieg. Mit ihm können nun auch E-Mail-Adressen telegrafiert werden.

Morsetaste

Der Ursprung des schneckenähnlichen @-Zeichens ist unklar. Gesichert ist, dass es im 19. Jahrhundert in Großbritannien als kaufmännisches Zeichen verwendet wurde.

Punkt – Punkt – Strich

Hallo •••• •– •–•• •–•• – – –

SOS ••• – – – •••

Hab dich lieb •••• •– –••• / –•• •• –•–• •••• / •–•• •• • –•••

Vielseitige ROBOTER

Das Wort „Roboter" kommt von dem tschechischen Wort „robota", das so viel wie „harte Arbeit" bedeutet.

Roboter bauen Autos zusammen – und fahren sie – entschärfen Bomben, tauchen in der Tiefsee im Arktischen Meer, erkunden ferne Planeten … und saugen Teppiche.

Wir teilen unseren Planeten bereits mit 9 Millionen Robotern.

Roboter können in Umgebungen eingesetzt werden, die für Menschen gefährlich sind.

Der allererste Roboter war ein mechanischer Vogel, der 400 v. Chr. gebaut wurde und 200 m weit flog.

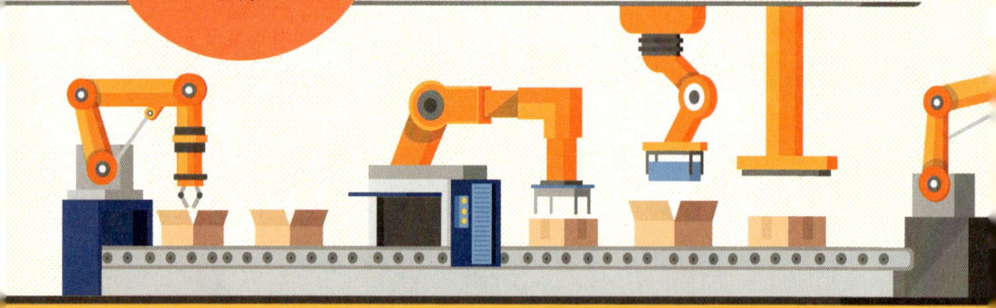

Der Mars ist der einzige Planet, der ausschließlich von Robotern bewohnt wird.

Der Science-Fiction-Autor Isaac Asimov erstellte die drei Gesetze der Robotertechnik, um uns vor unseren Schöpfungen zu schützen:

1. Roboter dürfen keinen Menschen verletzen oder zulassen, dass Menschen zu Schaden kommen.

2. Roboter müssen den Befehlen der Menschen gehorchen, es sei denn, dies steht im Widerspruch zum ersten Gesetz.

3. Roboter sollen sich selbst schützen, außer wenn dadurch das zweite Gesetz gebrochen wird.

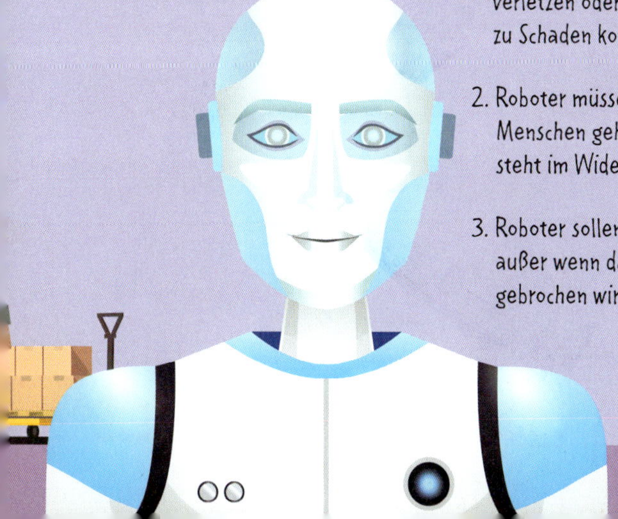

KÜNSTLICHE KÖRPERTEILE können im Labor gezüchtet werden

Schon bald werden Chirurgen dazu in der Lage sein, abgenutzte Körperteile zu ersetzen, so wie ein Mechaniker Autos repariert.

Ersatzteillager

Wissenschaftler lernen, wie man Teile des menschlichen Körpers züchtet, von Muskeln, Blutadern und Haut bis hin zu Herzen, Blasen, Ohren, Nasen und sogar Gehirngewebe.

Salamander

TIERISCHE SUPERKRÄFTE

Seesterne und Salamander können problemlos verlorene Arme und Schwänze nachwachsen lassen. Ein Plattwurm kann sogar einen neuen Kopf wachsen lassen, sollte er ihn verlieren.

Wie man ein Ohr wachsen lässt:

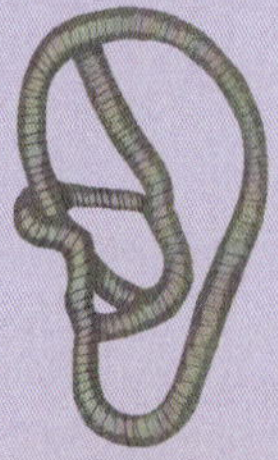

1. Drucke ein 3D-Plastik-„Gerüst" aus.

2. Übersäe das Gerüst mit Stammzellen und bade diese in einer „Zell-Suppe".

3. Staune darüber, wie neue Zellen darüberwachsen.

Es gibt wirklich **SPINNEN-ZIEGEN**

Gentechnik

Ein gentechnisch verändertes Lebewesen trägt DNA in sich, die durch Gentechnik abgewandelt wurde. Ein Beispiel sind frostsichere Tomaten, die Antifrost-Gene eines arktischen Fisches enthalten. Obwohl Gentechnik die Menschen an Mutanten denken lässt, sind die meisten gentechnisch veränderten Lebewesen Pflanzen, die gegen Schädlinge widerstandsfähig sind.

SPINNEN-ZIEGEN oder spinnen ZIEGEN?

Forscher haben 1999 das Seide-produzierende Gen einer Spinne in die DNA einer gewöhnlichen Ziege eingepflanzt, um eine Superziege zu züchten, die Seide „spinnt". Die Milch dieser Spinnen-Ziege enthält sehr viele Seiden-Proteine, die der Milch entzogen werden können, um daraus ultraleichte, superstarke Seide herzustellen.

Alle BANANEN sind Klone

Durch Klonen werden identische Kopien einer Zelle oder eines gesamten Lebewesens geschaffen. Ein Klon hat die genau gleiche DNA wie das Original. Bananen und viele andere Pflanzen sind Klone ebenso wie die meisten Bakterien. Eineiige Zwillinge sind ebenfalls Klone.

Wie man ein Schaf klont

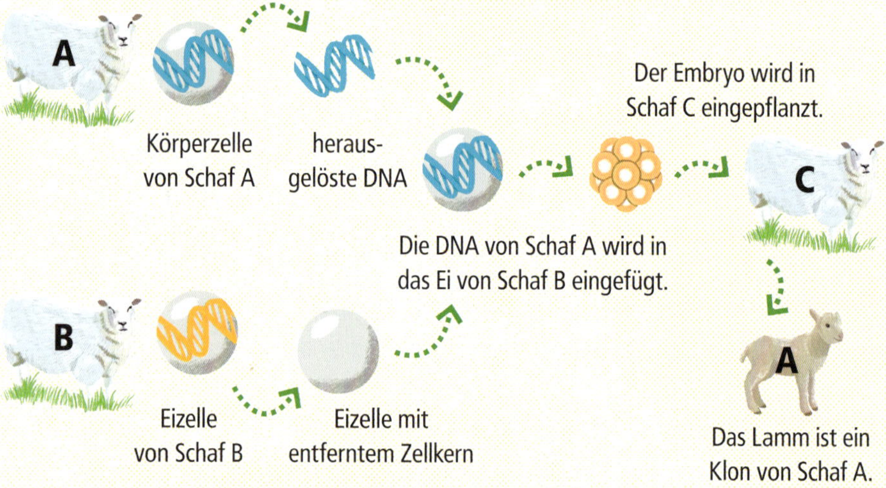

AUS EINS MACH ZWEI!

Die häufigste Art des Klonens ist das sogenannte „reproduktive Klonen".
1996 entstand dadurch das erste geklonte Tier, das Schaf Dolly. In den meisten Ländern ist es nicht erlaubt, Menschen zu klonen.

Die **TEUERSTE FRIKADELLE** kostet 331.400 US-Dollar

Künstliches Fleisch

Im Jahr 2013 aßen zwei Freiwillige vor einem Publikum in London einen Burger. Die seltsame Show war eine öffentliche Verkostung von künstlich erzeugtem Rindfleisch. Die Erzeugung der Scheibe Fleisch brauchte drei Monate und kostete 331.400 US-Dollar.

FÜR UND WIDER

Künstliches Fleisch wird aus Stammzellen aus der Schulter einer Kuh gewonnen. Im Labor werden daraus lange Muskelstreifen gezüchtet. Befürworter sagen, dass dadurch Tierleben gerettet und die Umwelt geschützt wird. Gegner sagen, dass künstliches Fleisch eigenartig sei und seltsam schmecke.

Nur 473 GENE sind für das Leben notwendig

Leben 2.0

Gene sind kurze DNA-Stücke, die sich auf langen, aufgerollten Strängen, den sogenannten Chromosomen, befinden. Sie enthalten verschlüsselte Befehle, um den Körper am Laufen zu halten. Viele Gene erledigen dabei aber die gleiche Arbeit. Der Wissenschaftler Craig Venter und sein Team entfernte Gen um Gen einer Bakterienzelle und ließ nur die erforderlichen übrig. Am Ende hatten sie ein voll funktionierendes Kleinstlebewesen mit nur 473 Genen – dem kleinsten Genom von allen einzelligen Lebewesen.

Freilebende Bakterien haben normalerweise 1.500–7.500 Gene.

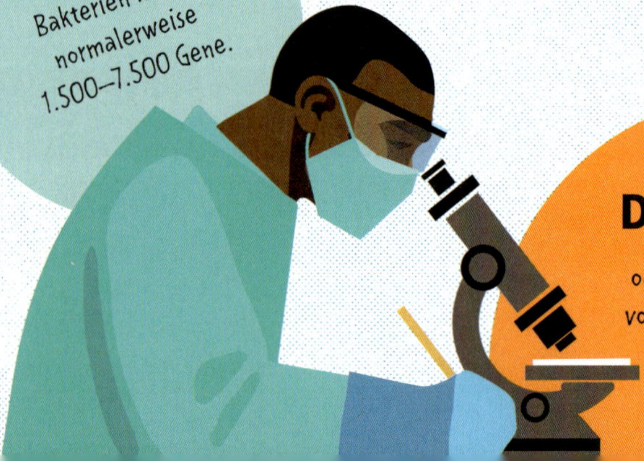

DAS ERBGUT, oder ein Genom, ist der vollständige DNA-Satz in einer Zelle.

MUTANTEN-MOSKITOS besiegen vielleicht Malaria

Sumpffieber

Malaria ist eine Tropenkrankheit, die durch die Stiche von Moskitos übertragen wird. Dabei werden die roten Blutkörperchen zerstört, was bei den Menschen Fieber und Schüttelfrost auslöst.

Malaria tötet mehr als eine halbe Million Menschen jährlich.

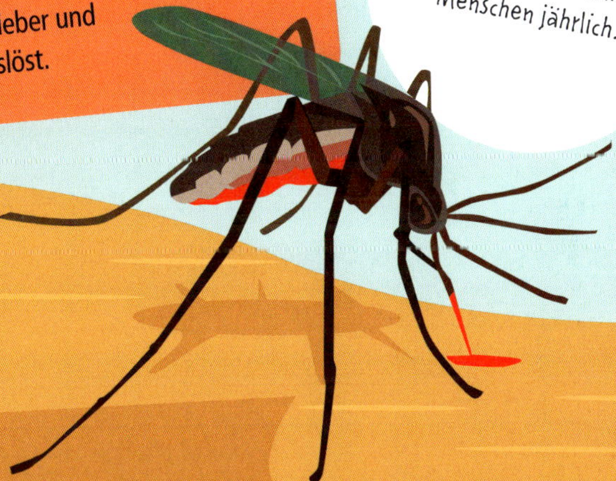

GEBURTEN-KONTROLLE

Wissenschaftler züchten Moskitos mit Genen, die die Weibchen unfruchtbar machen. Wenn sie in die Natur entlassen werden, könnte das die Zahl der Moskitos verringern und dadurch auch die Verbreitung der Malaria. Die Wissenschaftler wissen aber nicht, ob die frei lebenden Moskitos resistent dagegen werden oder ob die Verminderung von Moskitos im Ökosystem neue Probleme verursacht.

Jeder **MAGNET** hat einen Nord- und einen Südpol

Magne-tastisch!

Wenn du einen Stabmagneten teilst, erhältst du keinen einzelnen Nordpol und Südpol, sondern du bekommst zwei neue Magnete, jeder mit einem nördlichen und südlichen Ende – einem Dipol. Auch wenn du kleinere Stücke nimmst, wirst du immer einen magnetischen Dipol haben.

MONO-POL

Theoretisch kann es einen einzelnen magnetischen Pol, Monopol genannt, geben. Bislang hat ihn noch niemand entdeckt.

Um die Ecke gedacht

Der Nordpol der Erde ist eigentlich ein Südpol, denn der Nordpol eines Kompasses wird von einem Südpol angezogen, der in der Geografie Norden ist. Verwirrend!

MRT-MAGNETE sind stark genug, um dir deine Uhr vom Arm zu ziehen

SPÜR DIE KRAFT

Die Anziehungskraft von MRT-Magneten ist so groß, dass du alles aus Metall aus deinen Taschen entfernen musst. Die Ärzte müssen auch wissen, ob du Metallgegenstände wie einen Herzschrittmacher oder Piercings in deinem Körper hast.

Coole Elektromagnete

Elektromagnete, die man in der Magnetresonanztomografie (MRT) verwendet, sind Drahtspulen, die um eine Metallstange gewickelt sind. Sie nutzen Strom, um ein magnetisches Feld zu erzeugen, und sie können ein- und ausgeschaltet werden. Die stärksten Elektromagnete sind riesig und müssen gekühlt werden.

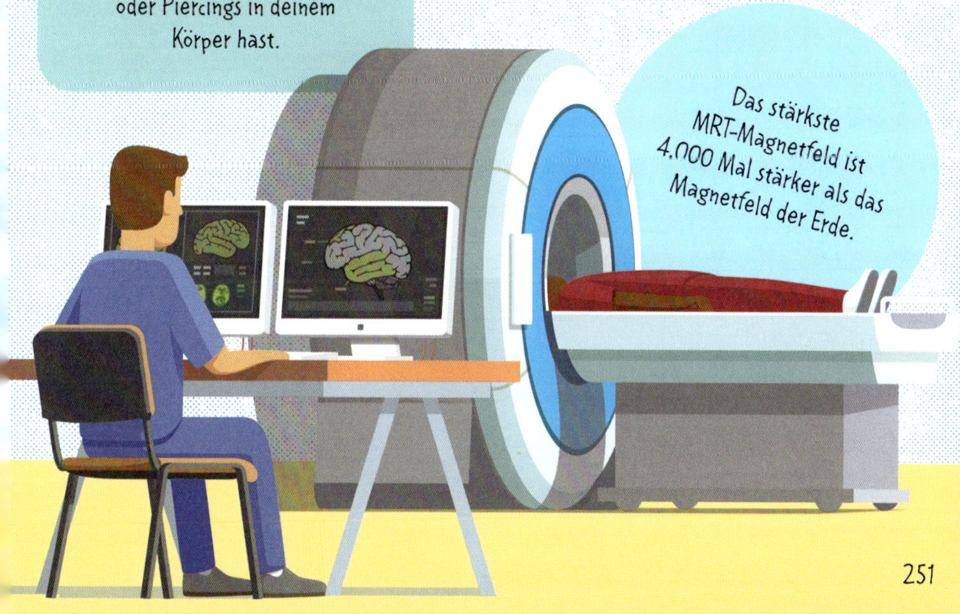

ELEKTROFELDER können eine Flamme verbiegen

Du kannst Feuer durch Elektrizität formen!

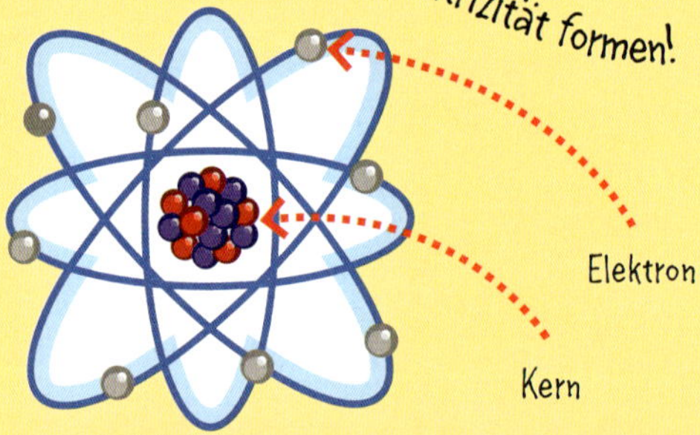

Feuerkraft

Wenn du eine Flamme zwischen eine positiv und eine negativ geladene Metallplatte stellst, wird sich die Flamme zur negativen neigen. Warum ist das so? Luft besteht aus Atomen. Bei jedem Atom flitzen negativ geladene Elektronen um den positiv geladenen Kern herum. Die Hitze der Flamme kann die Elektronen der Luftmoleküle dazu bringen, wegzufliegen und positiv geladene Atome, Ione genannt, zurückzulassen. Die Ione werden zur negativ geladenen Platte gezogen und verändern dabei die Form der Flamme.

Der „Large Hadron Collider" (LHC) ist die GRÖSSTE MASCHINE der Welt

Der LHC ist ein Teilchenbeschleuniger, der unser Verständnis vom Universum verändert.

Knall auf Fall

Winzige Materieteilchen schwirren in einer Röhre an der Forschungseinrichtung in Genf umher, wobei Protonen 11.245 Mal in der Sekunde einen Looping vom 27 km Länge vollführen. Wenn sie zusammenstoßen, lässt ein greller Energieblitz uns erahnen, was mit Materie kurz nach dem Urknall passiert ist.

WAHNSINNS-ENTDECKUNG

Nachdem die Teilchen zusammengestoßen sind, untersucht der LHC die „Unfallstelle" nach ungewöhnlichen Materie-Arten. 2012 entdeckten Wissenschaftler das Higgs-Teilchen, von dem man annimmt, dass es Masse zu Materie hinzufügt.

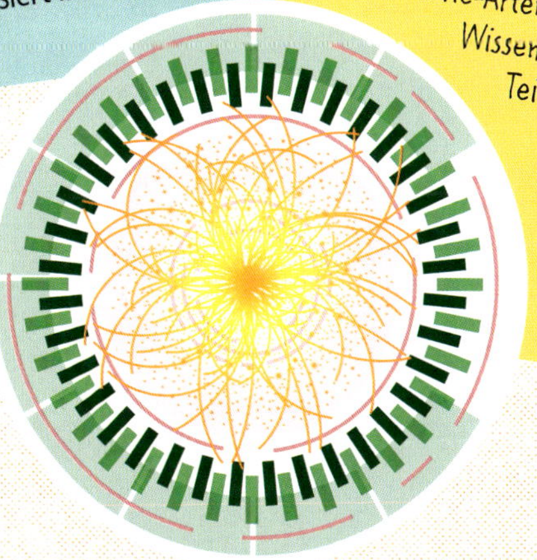

Die SCHWERKRAFT ist die schwächste der vier Grundkräfte

Bleib auf dem Boden

Die Schwerkraft ist die Kraft, die unsere Füße auf dem Boden und unseren Planeten auf seiner Umlaufbahn um die Sonne hält. Es fühlt sich auch ganz sicher nicht schwach an, wenn du hinfällst. Trotzdem kann die Anziehungskraft der gesamten Erde auf einen eisernen Nagel leicht von einem kleinen Stabmagneten geschlagen werden.

Die Schwerkraft ist 10^{40} Mal schwächer als elektromagnetische Kraft.

GRUNDKRÄFTE DER PHYSIK

Es gibt nur vier Wechselwirkungen, die unser Universum am Laufen halten. Die „starke" und die „schwache Wechselwirkung" halten die Kerne in Atomen zusammen. „Elektromagnetismus" hat mit Strom, Magnetismus und der Art, wie Atome miteinander reagieren, zu tun. Die „Gravitation" zieht Gegenstände mit Masse zueinander.

Die **ELEKTRONEN** in einem Kabel bewegen sich so schnell, wie Honig fließt

Ein Radio funktioniert sofort, wenn du es anmachst.

Lichtgeschwindigkeit

Ein elektrischer Strom entsteht durch Elektronen, die sich in einem Kabel bewegen. Obwohl sich einzelne Elektronen träge fortbewegen, bewegt sich die elektromagnetische Welle, die durch das Kabel schwappt, mit einer Geschwindigkeit, die fast an die Lichtgeschwindigkeit heranreicht – etwa 270.000 km/s! Dieser Impuls setzt alle Elektronen fast auf einmal in Bewegung.

Elektronen in einem Kabel bewegen sich 1 mm in der Sekunde.

Unsichtbare STRAHLEN

Unsere Augen können manche Arten von elektromagnetischer Strahlung wahrnehmen, die wir sichtbares Licht nennen.

Mikrowellenstrahlung wird für Mobilfunknetze genutzt und um Essen schnell zu erwärmen.

Es gibt auch noch andere Arten von elektromagnetischer Strahlung, die wir nicht sehen können.

Radiowellen werden hauptsächlich fürs Fernsehen, den Radioempfang und das Telefonieren genutzt.

Radiowellen können um die ganze Welt gehen und von Satelliten im All zurückgeworfen werden.

Radioteleskope empfangen schwache Radiowellen aus dem Weltall.

Nachtsichtgerät

Warme Dinge strahlen auch Licht aus. Diese Infrarot-Strahlung nehmen Nachtsichtgeräte wahr.

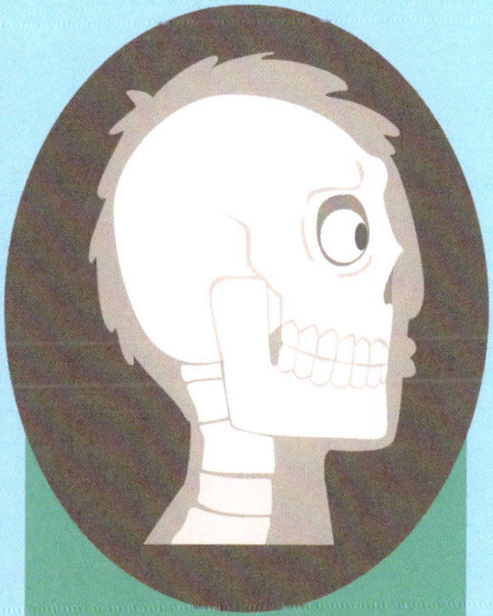

Gammastrahlen, die durch Atomreaktoren und -bomben freigegeben werden, sind die energiereichste Form des Lichts.

Röntgenstrahlen verwendet man, um damit in das Innere des Körpers zu sehen, denn sie durchdringen Muskeln, aber keine Knochen.

Heiße UV-Strahlen der Sonnen können einen Sonnenbrand verursachen.

Könnten wir Mikrowellen sehen, würde der Himmel **IN FLAMMEN** stehen

Kosmisches Glühen

Eine der wichtigsten Entdeckungen überhaupt wurde 1964 völlig zufällig gemacht. Zwei Wissenschaftler, die das Störgeräusch in ihrem Satellitenempfänger loswerden wollten, entdeckten, dass der ganze Himmel von einem schwachen Leuchten erhellt war. Dies nennt man die kosmische Mikrowellenhintergrundstrahlung (CMB).

BABYFOTO DES UNIVERSUMS

Die CMB ist das älteste Licht, das wir sehen können. Es entstand in dem Augenblick, als zum ersten Mal Licht in das junge Universum freigegeben wurde. Es ist der Rest der ungeheuren Energie, die unser Universum hervorgebracht hat.

MIKROWELLEN wurden durch Zufall entdeckt

Heiße Kiste

Die Mikrowelle, mit der man Essen auftauen und Popcorn machen kann, ist ein wichtiger Bestandteil jeder modernen Küche. Das Gerät wurde 1946 erfunden, als der Ingenieur Percy Spencer neben einer Magnetfeldröhre (eine Röhre, die Mikrowellen erzeugt) stand und der Schokoladenriegel in seiner Tasche schmolz. Neugierig geworden, legte er unter das Gerät ein Ei, das explodierte und sein Gesicht bespritzte.

HEISSES WASSER

Mikrowellen funktionieren, indem sie den Wassermolekülen im Essen Energie zuführen. Da diese dadurch stärker vibrieren, erwärmt sich das Essen.

Seltsam, aber wahr

Dein Internet-Router sendet ebenfalls Mikrowellen aus, aber er wird dich nicht kochen!

Im freien Fall gibt es ein TEMPOLIMIT

Am Limit

Die sogenannte Endgeschwindigkeit ist die höchste Geschwindigkeit, mit der etwas hinunterfallen kann. Wenn du aus einem Flugzeug springst, wirst du – in der Theorie – auf dem Weg zur Erde immer schneller. In Wirklichkeit aber wirkt die Luft dagegen. An einem bestimmten Punkt ist der Luftwiderstand größer als die Erdanziehungskraft und bremst dich ab, bis die Kräfte ausgeglichen sind. Wenn du mit dem Bauch nach unten und flach wie ein Brett nach unten fällst, kannst du eine Endgeschwindigkeit von 200 km/h erreichen.

FALLREKORD

Der Draufgänger Felix Baumgartner erreichte 1.357,64 km/h während seines Sprungs aus dem Weltraum im Jahr 2012.

Die niedrigste mögliche Temperatur liegt bei -273,15 °C

Eingefroren

Wissenschaftler benutzen eine spezielle Temperarturskala – die Kelvinskala , um Wärmeenergie von Stoffen zu messen. Sie wurde nach dem schottischen Physiker William Thompson, dem 1. Baron Kelvin benannt. Null Kelvin, der auch der „absolute Nullpunkt" genannt wird, ist der untere Grenzwert für die Temperatur, bei dem die Atome stillstehen und keine Wärmeenergie mehr vorhanden ist.

UNERREICHBAR

Der absolute Nullpunkt kann praktisch nie erreicht werden, denn egal, wie kalt Materie auch wird, gibt es durch die Bewegung der Materieteilchen immer ein wenig Energie auf der niedrigsten Quantenebene. Durch diese Quantenbewegung bleibt Helium selbst bei den niedrigsten Temperaturen flüssig.

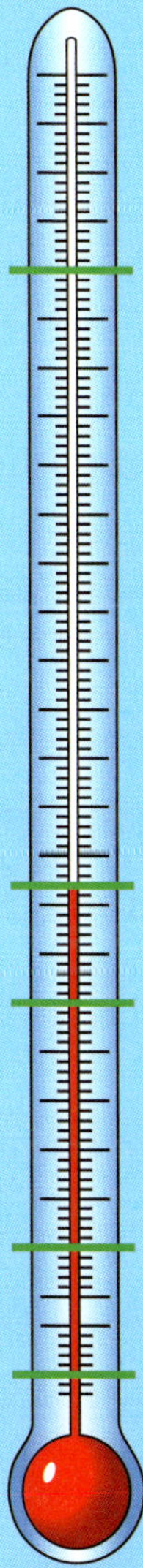

100 Milliarden Neutrinos gehen JEDE SEKUNDE durch dich hindurch

„Neutrino" meint „kleines Neutron".

Geisterteilchen

Ein Neutrino kann man nur sehr schwer entdecken. Neutrinos wiegen praktisch nichts, sind nicht elektrisch geladen und bewegen sich fast mit Lichtgeschwindigkeit. Da die Neutrinos so winzig sind und sich nicht durch magnetische oder elektrische Felder ablenken lassen, sind feste Stoffe fast wie Luft für sie. Sie schwirren durch die 12.742 km breite Erde, als ob sie nicht da wäre.

Die meisten Neutrinos, die durch dich hindurchflitzen, kommen von der Sonne.

Niemand weiß, warum das Universum hauptsächlich aus MATERIE besteht

EXPLOSIVES DOPPEL

Jedes Materieteilchen hat ein passendes Gegenüber, das die genau gleiche Masse wie es selbst hat. Sein Zwilling hat jedoch die gegenteilige Ladung und gegenläufige Drehung.* Wenn Materie auf sein „Anti-Teilchen" trifft, explodieren beide und zerstören sich gegenseitig.

Rätselhafte Materie

Sehr starke Explosionen in wissenschaftlichen Laboren erzeugen die gleiche Menge an Materie wie an Antimaterie. Wenn das auch beim Urknall geschehen ist, dann hätten sich Materie und Antimaterie gegenseitig auslöschen müssen. Warum ist das nicht passiert? Niemand weiß das!

* Ladung und Drehung sind grundlegende Eigenschaften von subatomaren Teilchen.

KRANKHEITEN werden nicht durch unsichtbare Gase verbreitet

Unsichtbare Bösewichte

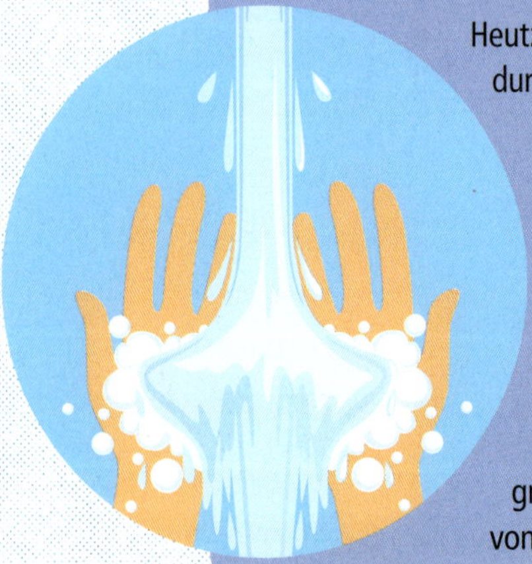

Heutzutage wissen wir, dass Krankheiten durch winzige Kleinstlebewesen verbreitet werden. Dies war jedoch einmal eine umstrittene Idee! Ärzte und Wissenschaftler dachten, dass Krankheiten durch giftige Gase verursacht werden. Wodurch änderte sich das? Nun, du brauchst ein Mikroskop, um Krankheitskeime sehen zu können. Das Wissen über Keime ist grundlegend für die moderne Anschauung von Hygiene. Und nun wasch deine Hände!

ES LIEGT IN DER LUFT

Beim Niesen verbreiten sich tausende kleine Tröpfchen von Schleim und Spucke vermischt mit Bazillen in der Luft. Meistens kann dein Körper Bazillen abwehren, aber wenn deine Abwehrkräfte geschwächt sind, kannst du angesteckt werden.

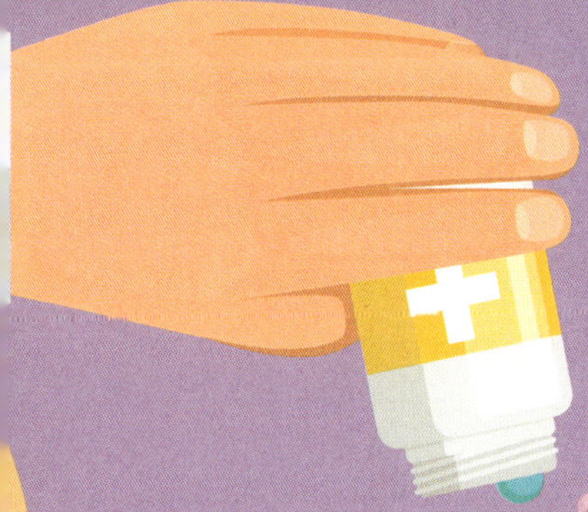

Der Placebo-Effekt heilt uns OHNE MEDIZIN

Die Macht der Einbildung

Ein Placebo ist ein „gefälschtes" Medikament, das keinen Wirkstoff, sondern nur Zucker enthält. Wenn Menschen jedoch denken, dass sie ein Medikament erhalten, können sich ihre Beschwerden trotz des eigentlich wirkungslosen Placebos verbessern. Die Wissenschaftler sind erstaunt darüber, wie der menschliche Verstand ein wirkstoffloses Medikament in ein wirksames umwandelt.

TESTFALL

Bei dem Test von neuen Medikamenten erhält die eine Hälfte der Versuchspersonen das richtige Medikament, die andere Hälfte ein Placebo. Die Ergebnisse der beiden Gruppen werden miteinander verglichen, um herauszufinden, ob das Medikament besser wirkt als die falsche Zuckerpille.

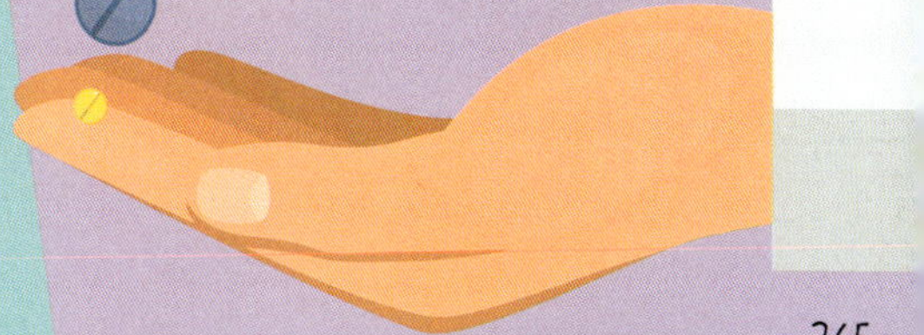

SCHALL-WELLEN

Der stillste Ort der Welt ist ein schallarmer Raum in Minnesota, in dem 99,99% der Geräusche verschluckt werden.

Das lauteste aufgezeichnete Geräusch aller Zeiten war der Vulkanausbruch auf Krakatau im Jahr 1883.

Der gewaltige Ausbruch zerstörte die kleine indonesische Insel und verursachte ein Echo, das viermal um die Erde ging.

Im All kann dich keiner schreien hören, denn der Schall bewegt sich durch vibrierende Teilchen fort, das All aber ist leer.

Menschen mit „Misophonie" hassen bestimmte Geräusche wie Essen, Schmatzen, das Klicken eines Kugelschreibers, Klopfen oder Tippen.

Die Sonne klingelt wie eine Glocke, denn brodelndes Plasma lässt den ganzen Stern vibrieren.

Ultraschallwellen, die Menschen nicht hören können, werden dazu genutzt, um Aufnahmen von Babys im Mutterleib zu machen.

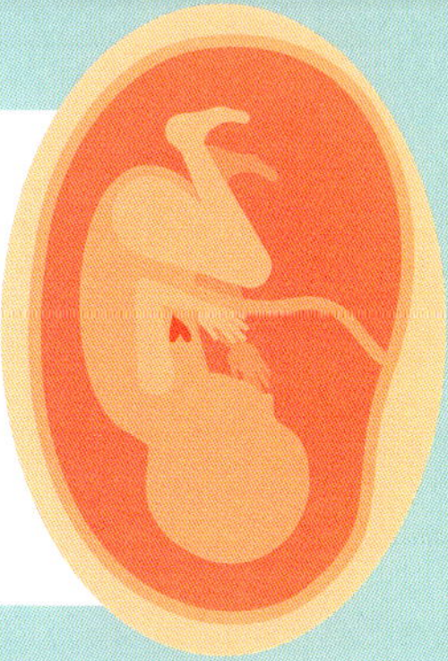

Hast du schon mal von einer „braunen Note" gehört? Das soll ein Geräusch sein, das einen dazu veranlassen soll, seinen Darm zu entleeren. Das ist aber ein Mythos!

Ein neuartiger Feuerlöscher stößt Bassfrequenzen aus, um Feuer zu löschen.

Wenn du Basstöne hörst, während du isst, kann das Essen bitterer schmecken.

Das Geräusch von raschelnden Blättern oder Regentropfen kann die Gehirntätigkeit verlangsamen und verhilft dir zu einem guten Schlaf.

Wind BLÄST niemals in einer geraden Linie

Wirbelnde Winde

Wind ist nur die Bewegung von Luft, verursacht durch Druckunterschiede in der Atmosphäre. Wind bläst von Gegenden mit hohem Druck in Gebiete mit niedrigerem Druck. Da sich die Erde dreht, bewegt sich der Wind in Kurven. Dies nennt man den „Coriolis-Effekt" und erklärt, warum die Tropenstürme auf der nördlichen Halbkugel sich im Uhrzeigersinn drehen und gegen den Uhrzeigersinn auf der südlichen Halbkugel.

Auf dir lastet ein Luftdruck von einer Tonne – das ist das Gewicht eines Kleinwagens.

Unsichtbare Kräfte wirken auf KÖRPER in Bewegung ein

Kräfte kann man nicht sehen. Manche können sogar Gegenstände bewegen, ohne sie zu berühren. Diese seltsamen Kräfte, die bestimmen, wie Gegenstände sich bewegen, hat zuerst der Spitzenwissenschaftler Isaac Newton beschrieben.

Die drei Bewegungsgesetze:

1. Dinge bleiben in Ruhe oder bewegen sich mit gleichbleibender Geschwindigkeit fort, solange keine Kraft auf sie einwirkt. (Es braucht keine gleichbleibende Kraft, um Dinge in Bewegung zu halten.*)
2. Durch Kräfte verändern Dinge ihre Geschwindigkeit.
3. Jede Kraft, die angewendet wird, hat eine gleich große Gegenkraft.

* Solange es keine bewegungshemmende Kräfte gibt. Reibung bremst die Bewegung, deshalb erfordert Fahrradfahren eine gleichbleibende Kraft.

Durch die besondere **FORM** der Flügel können Flugzeuge fliegen

Der Flügel macht's!

Wenn du eine Metallröhre betrittst und damit in den Himmel aufsteigst, ist es beruhigend zu wissen, dass die Physik erklären kann, warum du oben bleibst. Die Flügel eines Flugzeugs sind so geformt, dass sich die Luft über die Oberseite schneller hinwegbewegt als an der Unterseite. Das verursacht eine Auftriebskraft.

Es gibt wirklich TARNMÄNTEL

Wer hat noch nicht davon geträumt, unbemerkt durch eine Menschenmenge zu schlüpfen?

Tarnkappen-Flugzeug

Gut getarnt

Um unsichtbar sein zu können, muss normalerweise eine ausgezeichnete Tarntechnik zur Anwendung kommen. Tarnkappenflugzeuge haben ein Form, die das Radar verwirrt, leise, innenliegende Motoren und radarschluckende Farbe. Jedoch werfen sie noch Schatten.

TARNVORRICHTUNG

Wissenschaftler arbeiten mit märchenhaft klingenden Metamaterialien, die zwar noch nicht so gut sind wie Harry Potters Unsichtbarkeitsumhang, aber die Lichtstrahlen um Menschen herum zerstreuen, sodass diese scheinbar nicht da sind. Da der Weg des Lichts um einen Gegenstand herum länger ist als der, der direkt durch diese Stelle geht, kann man sie trotzdem noch entdecken.

RAUCHTEILCHEN enthüllen unsichtbare Atome und Moleküle

TANZENDE TEILCHEN

Wenn du ein paar Rauch- oder Staubteilchen oder Pollenkörner in Wasser tauchst, kannst du durch ein Mikroskop beobachten, dass sie sich ruckartig und unregelmäßig umherbewegen. Der schottische Forscher Robert Brown entdeckte diese brownsche Bewegung im Jahr 1827.

Wo Rauch ist ...

1905 dachte das Genie Albert Einstein, dass diese zufällige Bewegung durch unsichtbare Gasatome (oder Wassermoleküle) verursacht wird, die mit größeren Rauch- oder Pollenkörnern zusammenstoßen. Er verringerte die Anzahl und bewies auf mathematischem Weg, dass Materie aus winzigen Teilchen besteht, und er konnte sogar voraussagen, wie groß Atome sind.

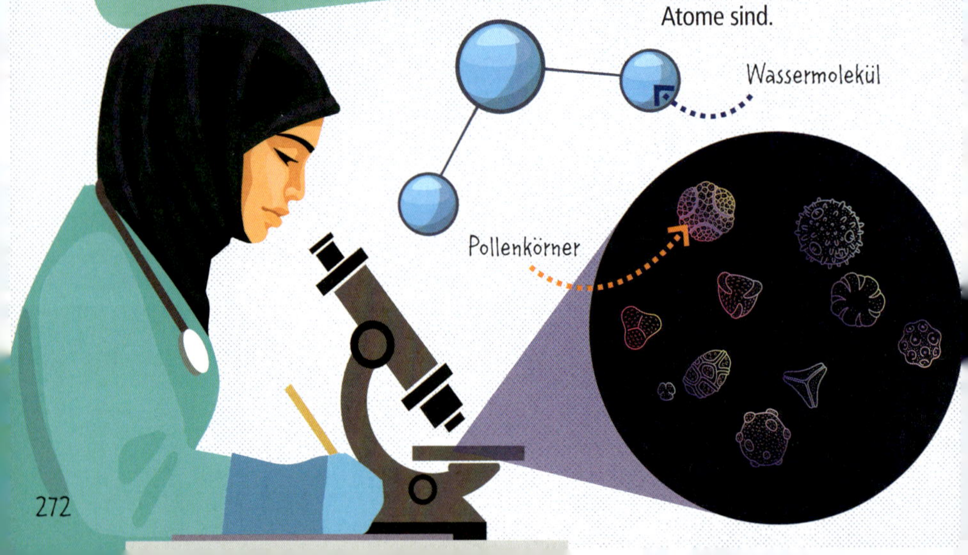

Ein niederländischer Tuchhändler war der Erste, der **MIKROBEN** gesehen hat

Kleinst-lebewesen

In den 1860er-Jahren war Antonie van Leeuwenhoek der erste Mensch, der in eine verborgene Welt schaute. Leeuwenhoek stellte die besten Vergrößerungsgläser der Welt her, mit denen er die Qualität der Stotte prütte. Doch als er schmutziges Teichwasser betrachtete, konnte er kleine zappelnde Lebewesen sehen, die kleiner waren als alles, was je ein Mensch zuvor gesehen hatte.

MIKROORGANISMEN

Menschen sind keine typischen Lebewesen. Die meisten lebenden Dinge auf der Erde sind winzige, einzellige Lebewesen, die man nur unter dem Mikroskop erkennen kann.

Es gibt mehr Mikroben in einer Prise Dreck als Menschen auf der Erde.

Wir sehen immer nur eine Seite des MONDES

An deiner Seite

Es ist aber nicht so, dass der Mond fest an einer Stelle steht und uns nur eine Seite zeigt. Denn wenn er sich nicht drehen würde, würden wir jede Seite sehen, da er die Erde umkreist. Vielmehr ist es so, dass er sich genau einmal um seine Achse dreht, während er die Erde einmal umkreist. So sehen wir immer die gleiche Seite.

IM GLEICHEN TAKT

Dies nennt man gebundene Rotation. Die größere Anziehungskraft der Erde wirkte wie eine Bremse und verlangsamte die Drehung des Mondes.

Hinter dem Mond

1959 konnten die Menschen die Mondrückseite dank der sowjetischen Raumsonde „Lunik 3“ zum ersten Mal sehen.

Die STERNE sind auch tagsüber da

Sterne und Galaxien verschwinden nicht am Tag! Sie sind unsichtbar, weil das Licht unseres eigenen Sterns so hell ist.

sternloser Himmel

Blendendes Licht

In der Nacht, wenn sich die Erde von der Sonne wegdreht, zeigen sich die Wunder des Weltalls. Wenn sich die Erde weiterdreht, erhellen die Strahlen der Sonne den Himmel und wir werden blind für das schwache Licht der Sterne.

sternenbedeckter Nachthimmel

GUTEN MORGEN, MOND

Der Mond ist hell genug, sodass er auch am Tag sichtbar ist. Außer an Neumond können wir ihn fast jeden Tag sehen.

LICHT ist Teilchen und Welle zugleich

Verschiedene Experimente zeigen Licht als Teilchen und als Welle.

Es ist eine Welle!

Sichtbares Licht ist die Art an elektromagnetischer Strahlung, die Menschen sehen können. Es wogt durch elektrische und magnetische Felder und es braucht – anders als eine Schallwelle oder eine Welle im Wasser – keinen „Stoff“, um sich fortzubewegen. Da es sich durch den leeren Weltraum bewegen kann, können wir das Licht von den Sternen sehen.

LICHT ALS WELLE

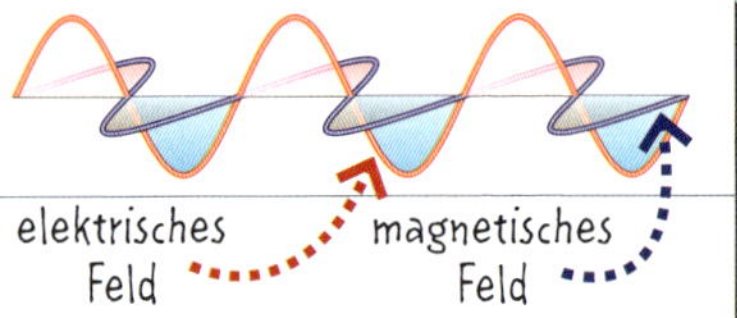

ES IST EIN TEILCHEN!

Andere Experimente zeigen, dass Licht gebündelt in sogenannten Photonen auftritt. Photonen fliegen durch das All wie winzige Kugeln.

Ist Licht nun also eine Welle oder ein Teilchen? Erstaunlicherweise ist es beides!

Die Quantenwelt ist SELTSAM

Bei der kleinsten Größenordnung gelten andere Regeln.

Das nächste „Level“

Wissenschaftler, die die Welt auf Quantenebene erkunden, haben einen Ort mit ganz eigenen Regeln entdeckt. Quantenteilchen können nur bestimmte Energiestufen einnehmen und „springen“ zwischen diesen hin und her. Es ist ein bisschen so wie bei den Gängen eines Fahrrads. In der „normalen“ Welt fallen dir diese Quanteneffekte aber nicht auf.

QUANTENENERGIE

Wenn Licht mit subatomaren Teilchen in Verbindung tritt, wird es „portioniert“. Jedes Lichtbündel – oder Photon – hat dann eine bestimmte Energiestufe.

Photonen

Verrückte QUANTEN

Im Reich der Quanten herrschen andere Regeln als im Universum!

Teilchen können sich paarweise miteinander verbinden, sodass alles, was dem einen passiert, auch Auswirkungen auf das andere hat.

Diese „Quantenverschränkung“ funktioniert, selbst wenn die Teilchen sich am jeweils anderen Ende des Alls befinden.

Man kann unmöglich den Ort und die Geschwindigkeit eines Teilchens gleichzeitig bestimmen.

Ein äußerst verwirrender Quanteneffekt ist, dass ein Teilchen an zwei Orten gleichzeitig sein kann.

Quanteneffekte halten das Leben auf der Erde am Laufen – ohne sie würde die Sonne nicht mehr scheinen und die Pflanzen könnten keine Energie mehr von ihr aufnehmen.

Beim Tunneleffekt erscheinen Teilchen auf der anderen Seite eines Hindernisses, ohne sich darüber- oder hindurchbewegt zu haben.

Europäische Rotkehlchen können durch die Nutzung von Quanteneffekten Magnetismus wahrnehmen.

Klingt nach Magie? Durch den Tunneleffekt funktionieren die Mikrochip-Schalter in elektronischen Geräten.

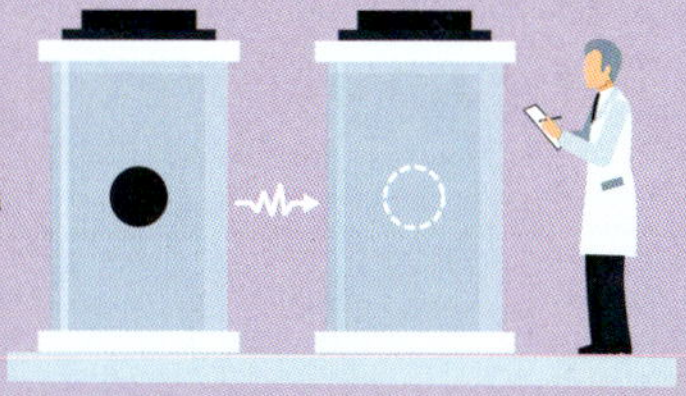

Im Jahr 2017 haben chinesische Wissenschaftler die Quantenverschränkung genutzt, um Photonen von der Erde in das Weltall zu teleportieren.

GAMMASTRAHLENAUSBRÜCHE sind die größten Explosionen im Universum

Satelliten, die in den 1960er-Jahren gestartet wurden, machten eine unerwartete Entdeckung.

Gammablitze

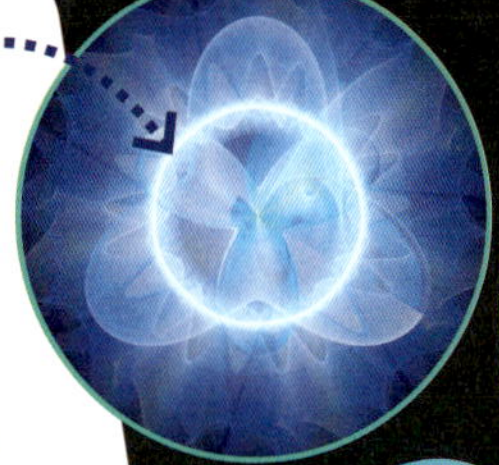

Gammastrahlenausbrüche sind extrem große Energieblitze im Universum. Sie entstehen in dem Moment, in dem ein massereicher Stern stirbt, und dauern nur wenige Millisekunden. Sie sind die hellsten und gewaltigsten Explosionen im All.

Gammablitze strahlen eine Million Mal heller als eine gesamte Galaxie!

KOSMISCHE STRAHLEN

Wissenschaftler haben bis heute etwa 6.000 Gammablitze entdeckt, etwa zwei Blitze pro Tag. Glücklicherweise verschluckt unsere Atmosphäre die schädlichen Gammastrahlen.

Ein perfektes Vakuum ist UNMÖGLICH

Im All gibt es weniger als ein Molekül auf 1 m^3.

Extremes Vakuum

Das reinste Vakuum würde kein bisschen Materie in sich enthalten. Aber selbst die besten Vakuum-Pumpen hinterlassen in Behältern etwas davon. Auch unter Hochvakuum-Bedingungen tritt durch Fingerabdrücke, Plastik und bestimmte Metalle Dunst an der Luftschleuse aus.

LEERER WELTRAUM

Das größte Vakuum gibt es im All. Deshalb tragen Astronauten spezielle Druckanzüge und haben ihre eigene Sauerstoffversorgung. Aber auch im All schwirren winzige kosmische Staubteilchen zusammen mit Wasserstoff- und Helium-Atomen herum.

Dinge werden SCHWERER, je schneller sie sich bewegen

Das Universum hat ein Tempolimit …

Überschreiten Sie nicht 299.792 km/s!

Wenn Dinge sich schneller bewegen könnten, wäre die Wirklichkeit in Schwierigkeiten – ein Pfeil könnte dann sein Ziel vielleicht treffen, noch bevor er abgeschossen wäre!

Die bekannteste Gleichung in der Wissenschaft …

$E = MC^2$

… besagt, dass Masse und Energie im gleichen Verhältnis zueinander stehen. Da Licht keine Masse hat, bewegt es sich mit größtmöglicher Geschwindigkeit. Materieteilchen aber benötigen Energie, um schneller zu werden, und gewinnen so zusätzliche Masse. Das bedeutet, sie brauchen immer mehr Energie, bis es schließlich nicht mehr genug Energie im Universum gibt, um sie auf Lichtgeschwindigkeit zu bringen.

* E = Energie; m = Masse; c = Lichtgeschwindigkeit

DIE ZEIT vergeht langsamer für Menschen, die sich sehr schnell bewegen

Zeit ist nicht für alle gleich.

Wie die Zeit vergeht ...

Bei Lichtgeschwindigkeit macht die Zeit verrückte Sachen. Stell dir ein Zwillingspaar vor. Der eine bleibt auf der Erde, während der andere fast mit Lichtgeschwindigkeit zu einem Stern in der Nähe reist. Bei seiner Rückkehr würde der Sternenreisende jünger sein als der auf der Erde gebliebene Zwilling. Warum? Die Zeit hätte sich auf der Hochgeschwindigkeitsreise verlangsamt, das heißt, dass dort weniger Jahre vergangen wären.

Albert Einstein

Dieses Zwillings-Paradoxon war eine der seltsamen Vorhersagen, die durch die Relativitätstheorie von Einstein gemacht wurden.

NICHTS kann einem schwarzen Loch entkommen

Fall nicht in ein schwarzes Loch! Seine riesengroße Schwerkraft würde dich augenblicklich zu Spaghetti auseinanderziehen!

Löcher im All

Niemand hat jemals ein schwarzes Loch gesehen, denn es lässt kein Licht entweichen, sodass es unsichtbar ist. Schwarze Löcher haben so viel Materie in sich, dass sie eine erstaunliche Schwerkraft besitzen.

KEIN ENTKOMMEN

Um der Erdanziehungskraft zu entkommen, muss ein Gegenstand sich mit 11 km/s fortbewegen – etwa 33 Mal so schnell wie der Schall. Das ist ein technisches Problem. Um aber der Schwerkraft eines schwarzen Lochs zu entgehen, braucht man eine größere Geschwindigkeit als die des Lichts. Physikalisch ist das aber für alles in unserem Universum unmöglich.

Die SCHWERKRAFT gibt es vielleicht gar nicht

Schwache Kraft

Isaak Newton entwickelte im 17. Jahrhundert eine Theorie über die Schwerkraft, die aus ihr eine der vier Grundkräfte der Physik machte und die wir am längsten kennen. Sie ist allerdings die am wenigsten verstandene Kraft. Wir haben Probleme zu erklären, warum sie nur anziehen, aber nicht abstoßen kann, und wir fragen uns, warum sie so schwach ist und nicht mit der Quantenphysik vereinbar ist.

STARKER GEDANKE

Einige tapfere Wissenschaftler denken, dass es sich mit der Schwerkraft ein bisschen so wie mit der Temperatur verhält. Wir fühlen Wärme, aber kein einzelnes Teilchen „hat" Wärme. Stattdessen entsteht sie durch die Bewegung der Teilchen. Was ist, wenn die Schwerkraft keine Grundkraft ist, sondern etwas, das dadurch entsteht, wie Teilchen aufeinander wirken?

Eine mysteriöse DUNKLE ENERGIE zieht das Universum auseinander

Die dunkle Energie ist das größte ungelöste Einzelproblem in der Wissenschaft.

Mysteriös!

Unser Universum wird immer größer. Anstatt dass es von der Schwerkraft der unzähligen Sterne zusammengezogen wird, breitet es sich immer weiter aus! Eine mysteriöse Energie besiegt die Schwerkraft und die Astronomen können sie nicht erklären. Deshalb wird sie dunkle Energie genannt.

DUNKLE ENERGIE

Errechnet man die Energie, die nötig ist, um die Schwerkraft zu besiegen, müsste die dunkle Energie 70 Prozent ausmachen. Es ist schwer zu glauben, aber wir wissen über Dreiviertel des Universums nicht Bescheid!

VIELES im Universum bleibt unerreicht

Wie groß ist das Universum?

Unvorstellbar groß – das ist alles, was du wirklich wissen musst!

BEOBACHTBARES UNIVERSUM

Den Teil, den wir heutzutage sehen können, erstreckt sich über 14 Milliarden Lichtjahre in jede Richtung. Insgesamt macht das einen unvorstellbaren Raum mit einem Durchmesser von 28 Milliarden Lichtjahren aus. Aber es gibt noch mehr.

IM DUNKEL VERSCHWUNDEN

Wir können nur so weit sehen, bis wohin sich das Licht während der Lebenszeit des Universums fortbewegt hat. Das All hat sich aber schneller ausgebreitet und damit geriet viel außer Sichtweite.

Sternwarte

Noch größer

Die Schätzungen sind unterschiedlich, aber das Universum könnte 250 Mal größer sein als das, was wir beobachten können.

Wie die WELT enden könnte

Das „Planetary Defense Coordination Office" (PDCO) in Washington, USA, schützt die Erde vor Einschlägen aus dem All.

Es gibt 1.489 Asteroiden mit einem Durchmesser von mehr als 100 m, die der Erde sehr nahe kommen und gefährlich werden könnten.

Das PDCO überwacht Asteroiden und Kometen, deren Umlaufbahnen sie der Erde näher als 8 Millionen km bringen.

Der letzte große Einschlag fand vor 65 Millionen Jahren statt und führte zum Aussterben der Dinosaurier.

Ein Asteroid mit einem Durchmesser von bis zu 10 km schlägt alle 100 Millionen Jahre in die Erde ein.

Ein Gammastrahlen-ausbruch eines Sterns in der Nähe könnte unseren Planeten brutzeln.

Manche Wissenschaftler glauben, dass schwarze Löcher alles im Universum aufsaugen werden.

In etwa 5 Milliarden Jahren wird unser eigener Stern sterben …

Die Sonne wird ein roter Gigant werden, der seine Außenhülle aufblähen und die inneren Planeten verschlucken wird.

Die Oberfläche der Erde wird verbrennen und sie wird so tot wie die der Venus werden.

Keine Panik!

Es stimmt … eines Tages wird es den Planeten Erde nicht mehr geben. Menschen leben dann aber vielleicht auf anderen Planeten.

Nahmen 1977 AUSSERIRDISCHE Kontakt mit uns auf?

Hallo, ist da jemand?

Es ist 22:15 Uhr am 15. August 1977. Jerry Ehman bedient gerade das „Big Ear-Radioteleskop" in Delaware, Ohio. Plötzlich knistert die Ausrüstung durch einen Impuls von Radiowellen, die aus dem Sternbild Schütze kommen. Das Signal ist 30 Mal stärker als das Hintergrundrauschen. Aufgeregt schreibt er „Wow!" auf seinen Computerausdruck.

WOW!

Das „Wow!-Signal", das 72 Sekunden anhielt, kam nie wieder. Dennoch sind sich manche Menschen SICHER, dass dies ein Kontaktversuch von Außerirdischen war. Das „Arecibo-Radioteleskop" in Puerto Rico sandte 2012 eine Antwort zurück. Das große „Hallo von der Erde" enthielt 10.000 Twitter-Nachrichten und Videos von berühmten Personen.

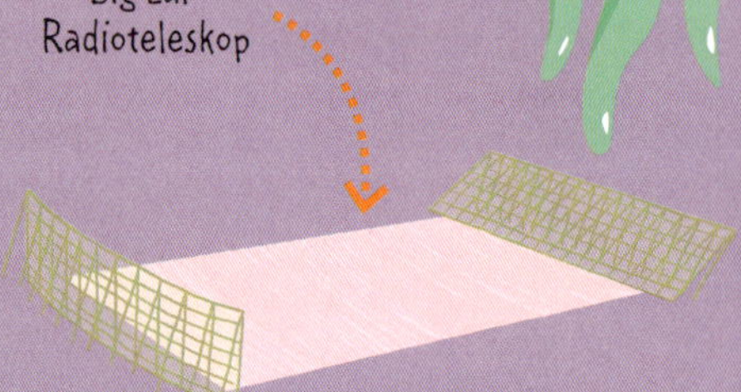

Es könnte 40 Milliarden Planeten geben, die ähnlich wie die **ERDE** sind und ferne Sonnen umkreisen

Zu heiß!

Zu kalt!

Genau richtig!

„Goldlöckchen-Zone“

An zahlreichen Orten in der Galaxie könnte sich weiteres Leben verbergen, aber es ist sinnvoll nach Planeten wie der Erde Ausschau zu halten. Da Wissenschaftler denken, dass flüssiges Wasser absolut notwendig für Leben ist, konzentrieren sie ihre Suche auf sogenannte „Goldlöckchen-Planeten“ – dort ist es „nicht zu heiß, nicht zu kalt, sondern genau richtig“ für Wasser.

PLANETEN-JAGD

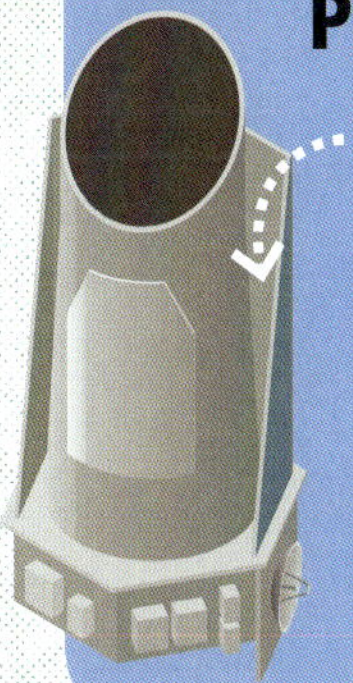

Das Weltraum-Teleskop „Kepler“ der NASA beobachtet ferne Sterne, um Planeten zu entdecken. Es hält Ausschau nach Schatten, die Planeten werfen, wenn sie ihren Stern umkreisen. Auch ein Flackern von Sternenlicht hilft dabei, unsichtbare Planeten zu entdecken.

„Kepler“ hat 4.500 Planeten entdeckt, die ähnlich wie die Erde sein könnten.

Die Form von KRISTALLEN folgt unsichtbaren Entwürfen von Atomen

Die größten Kristalle der Welt sind 11 m lang – so lang wie 58 Bleistifte aneinandergereiht.

Ordnung durch Unordnung

Kristalle sind wunderschöne, natürliche Festkörper. Die Atome im Inneren, die unsichtbar sind, zeigen vielleicht nicht, wie sie angeordnet sind, aber sie hinterlassen an der Oberfläche Hinweise darauf. Kristalle geben durch ihre flachen Seiten und ihre scharfen Ecken und Kanten ihre gleichmäßige innere Anordnung wider.

RÖNTGENBLICK

Um die innere Anordnung von Atomen zu erkennen, beschießt man sie mit unsichtbaren Röntgenstrahlen. Die Strahlen werden von den Atomen zurückgeworfen und enthüllen ihren verborgenen Aufbau.

VIREN sind viel kleiner als BAKTERIEN

Viren sind die kleinsten Lebewesen.

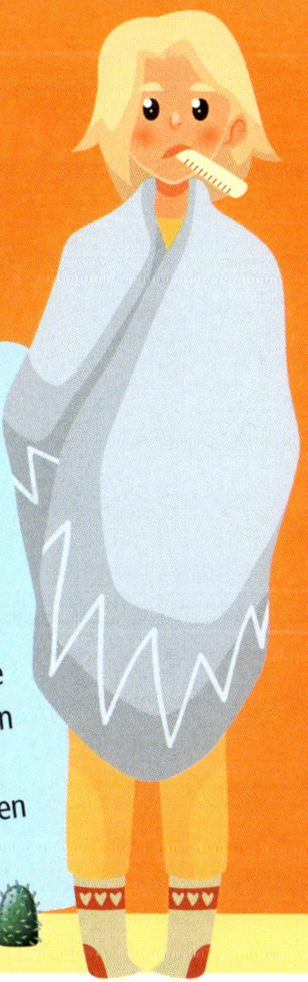

Ungebetene Gäste

Viren geht es nur um sich selbst. Sie verbreiten sich, indem sie lebende Zellen befallen und sie in Produktionsstätten von neuen Viren verwandeln. Die Zelle beachtet die Warnsignale nicht und produziert ununterbrochen Kopien der Eindringlinge. Das geht für die Zelle nicht gut aus. Sie stirbt und gibt viele neue Viren frei, die andere Zellen anstecken. Das, was die Menschen sich krank fühlen lässt, ist die Bekämpfung einer Virenansteckung. Erkältungen, Grippe, Windpocken und Masern sind Krankheiten, die durch Viren ausgelöst werden.

Der Körper hat Möglichkeiten, die Viren zu bekämpfen.

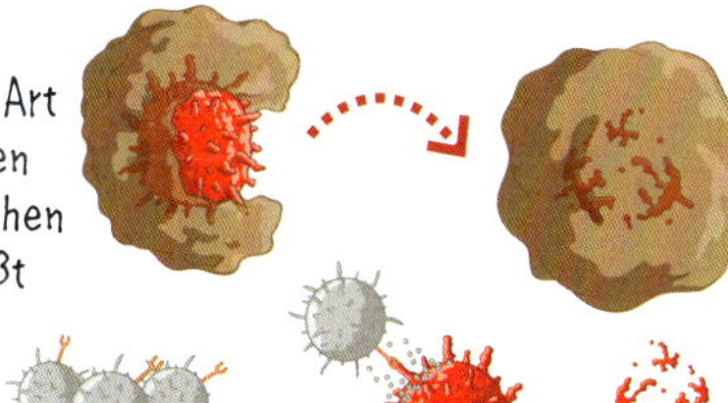

NIEMAND hat jemals einen Gedanken gesehen

Forscher stehen erst am Anfang, die Geheimnisse des Gehirns zu entdecken.

Gedankenlesen

Forscher konnten bislang meist nur in die Gehirne von toten Menschen blicken. Nun können sie dank CT- und MRT-Scans ein lebendes Gehirn beim Denken beobachten. Aber selbst die modernsten Geräte können uns unsere Gedanken nicht zeigen. Kernspintomografen können aber Gehirntätigkeiten aufzeichnen. Wir können beobachten, wie einzelne Gehirnzellen arbeiten, aber wir können nicht die Gedanken von anderen lesen.

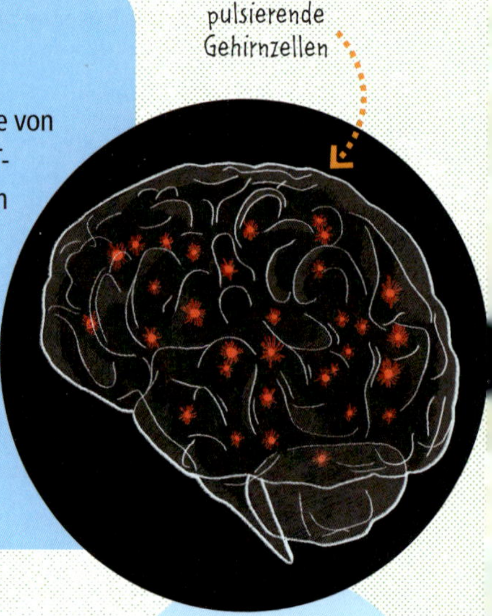

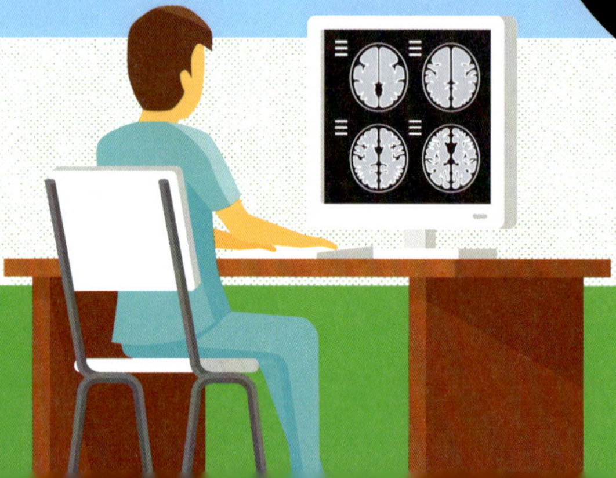

Das menschliche Gehirn hat den kompliziertesten Aufbau im ganzen Universum.

Die Luftverschmutzung ist ein tödlicher, unsichtbarer **MÖRDER**

Unsichtbare, giftige Teilchen in der Luft vergiften unsere Städte.

Giftige Abgase

Luftverschmutzung entsteht durch giftige Gase und feine, kaum sichtbare Teilchen von Ruß, Staub und Chemikalien. Diese stammen von Abgasen aus dem Verkehr, von Kraftwerken, von Fabriken, Feuern und Lackierarbeiten. Atmet man sie über längere Zeit ein, ist das schädlich für die Lungen, vor allem für die von Kindern.

STADTKRANKHEIT

Stickstoffdioxid ist ein braunes Gas, das Atembeschwerden verursacht. Es entsteht bei der Verbrennung von fossilen Brennstoffen und kommt hauptsächlich von Autos und Lastern.

Manche Städte verbieten Diesel-Fahrzeuge, da dieser Fahrzeugtyp eine größere Verschmutzung verursacht.

Es ist SCHWIERIG zu erklären, was Energie ist …

Du kannst Energie nicht sehen. Du kannst sie nicht halten. Also …

… was ist Energie?

Energie ist der Stoff, der es ermöglicht, dass etwas geschieht. Du kannst diesen Effekt beobachten – Nahrung bringt Menschen dazu, sich zu bewegen. Je schneller sich etwas bewegt, desto stärker ist der Aufprall. Energie kommt nicht alleine vor, sie wird immer von etwas getragen.

Energie ist nichts weiter als eine nützliche Idee:

ENERGIE IST DIE FÄHIGKEIT, ARBEIT ZU VERRICHTEN.*

Ein Grundgesetzt der Physik lautet, dass Energie weder erzeugt noch zerstört werden kann.

* Arbeit meint, etwas entgegen einer Kraft zu bewegen.

… aber wir können erklären, warum dein Zimmer ein CHAOS ist!

Rätsel Energie

Das Universum gibt es nur aufgrund von Energie. Sie kann nicht erzeugt oder zerstört werden … aber was passiert mit ihr über die Zeit? Die Antwort lautet „Entropie".

WAS IST ENTROPIE?

Es gibt viele verschiedene Arten von Energie und sie wechselt von einer Form zur anderen. Du kannst Energie aber niemals davon abhalten, sich auszubreiten. Deshalb wird der Kaffee kalt und Gerüche verbreiten sich.

CHAOS

Die Sache mit der Ausbreitung passiert auch bei deinem Zimmer. Da es viel mehr Möglichkeiten gibt, dass dein Zimmer unordentlich als aufgeräumt ist, ist es wahrscheinlicher, dass es unordentlich ist. Erklär das deinen Leuten – „Das bin nicht ich, das ist Entropie!"

Register

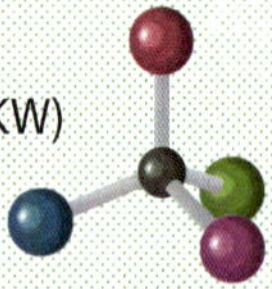